青少年人工智能与编程系列丛书

跟我学 Python 四级
教学辅导

潘晟旻　主　编
姜　迪　丁黎明　副主编

清华大学出版社
北京

内 容 简 介

本书是与"青少年人工智能与编程系列丛书《跟我学 Python 四级》"配套的教学辅导书。全书共 12 个单元，内容覆盖青少年编程能力 Python 编程四级全部 12 个知识点，并与《跟我学 Python 四级》（以下简称"主教材"）完美呼应。为了帮助学习者深入了解教材的知识结构，更好地使用主教材，同时帮助教师形成便于组织的教学方案，本书对主教材各单元的知识点定位、能力要求、建议教学时长、教学目标、知识结构、教学组织安排、教学实施参考、问题解答、习题答案等内容进行了系统介绍和说明。本书还提供了补充知识、拓展练习等思维拓展内容，任课教师可以根据学生的学业背景知识和年龄特点灵活选用。

本书可供报考全国青少年编程能力等级考试（PAAT）Python 四级科目的考生自学，也是教师组织教学的理想辅导教材。

本书封面贴有清华大学出版社防伪标签，无标签者不得销售。

版权所有，侵权必究。举报：010-62782989，beiqinquan@tup.tsinghua.edu.cn。

图书在版编目（CIP）数据

跟我学 Python 四级教学辅导 / 潘晟旻主编. —北京：清华大学出版社，2023.9
（青少年人工智能与编程系列丛书）
ISBN 978-7-302-64058-5

Ⅰ. ①跟… Ⅱ. ①潘… Ⅲ. ①软件工具－程序设计－青少年读物 Ⅳ. ① TP311.561-49

中国国家版本馆 CIP 数据核字（2023）第 126933 号

责任编辑：谢　琛　薛　阳
封面设计：刘　键
责任校对：李建庄
责任印制：丛怀宇

出版发行：清华大学出版社
　　　　　网　　址：http://www.tup.com.cn，http://www.wqbook.com
　　　　　地　　址：北京清华大学学研大厦 A 座　　　　邮　　编：100084
　　　　　社 总 机：010-83470000　　　　　　　　　　邮　　购：010-62786544
　　　　　投稿与读者服务：010-62776969，c-service@tup.tsinghua.edu.cn
　　　　　质量反馈：010-62772015，zhiliang@tup.tsinghua.edu.cn
印 装 者：三河市铭诚印务有限公司
经　　销：全国新华书店
开　　本：185mm×260mm　　　　　印　张：10.25　　　　字　数：190 千字
版　　次：2023 年 9 月第 1 版　　　　　　　　　　　　印　次：2023 年 9 月第 1 次印刷
定　　价：69.00 元

产品编号：099516-01

序

Preface

为了规范青少年编程教育培训的课程、内容规范及考试，全国高等学校计算机教育研究会于2019—2022年陆续推出了一套《青少年编程能力等级》团体标准，包括以下5个标准：

- 《青少年编程能力等级 第1部分：图形化编程》（T/CERACU/AFCEC/SIA/CNYPA 100.1—2019）
- 《青少年编程能力等级 第2部分：Python编程》（T/CERACU/AFCEC/SIA/CNYPA 100.2—2019）
- 《青少年编程能力等级 第3部分：机器人编程》（T/CERACU/AFCEC 100.3—2020）
- 《青少年编程能力等级 第4部分：C++编程》（T/CERACU/AFCEC 100.4—2020）
- 《青少年编程能力等级 第5部分：人工智能编程》（T/CERACU/AFCEC 100.5—2022）

本套丛书围绕这套标准，由全国高等学校计算机教育研究会组织相关高校计算机专业教师、经验丰富的青少年信息科技教师共同编写，旨在为广大学生、教师、家长提供一套科学严谨、内容完整、讲解详尽、通俗易懂的青少年编程培训教材，并包含教师参考书及教师培训教材。

这套丛书的编写特点是学生好学、老师好教、循序渐进、循循善诱，并且符合青少年的学习规律，有助于提高学生的学习兴趣，进而提高教学效率。

学习，是从人一出生就开始的，并不是从上学时才开始的；学习，是无处不在的，并不是坐在课堂、书桌前的事情；学习，是人与生俱来的本能，也是人类社会得以延续和发展的基础。那么，学习是快乐的还是枯燥的？青少年学

习编程是为了什么？这些问题其实也没有固定的答案，一个人的角色不同，便会从不同角度去认识。

从小的方面讲，"青少年人工智能与编程系列丛书"就是要给孩子们一套易学易懂的教材，使他们在合适的年龄选择喜欢的内容，用最有效的方式，愉快地学点有用的知识，通过学习编程启发青少年的计算思维，培养提出问题、分析问题和解决问题的能力；从大的方面讲，就是为国家培养未来人工智能领域的人才进行启蒙。

学编程对应试有用吗？对升学有用吗？对未来的职业前景有用吗？这是很多家长关心的问题，也是很多培训机构试图回答的问题。其实，抛开功利，换一个角度来看，一个喜欢学习、喜欢思考、喜欢探究的孩子，他的考试成绩是不会差的，一个从小善于发现问题、分析问题、解决问题的孩子，未来必将是一个有用的人才。

安排青少年的学习内容、学习计划的时候，的确要考虑"有什么用"的问题，也就是要考虑学习目标。如果能引导孩子对为他设计的学习内容爱不释手，那么教学效果一定会好。

青少年学一点计算机程序设计，俗称"编程"，目的并不是要他能写出多么有用的程序，或者很生硬地灌输给他一些技术、思维方式，要他被动接受，而是要充分顺应孩子的好奇心、求知欲、探索欲，让他不断发现"是什么""为什么"，得到"原来如此"的豁然开朗的效果，进而尝试将自己想做的事情和做事情的逻辑写出来，交给计算机去实现并看到结果，获得"还可以这样啊"的欣喜，获得"我能做到"的信心和成就感。在这个过程中，自然而然地，他会愿意主动地学习技术，接受计算思维，体验发现问题、分析问题、解决问题的乐趣，从而提升自身的能力。

我认为在青少年阶段，尤其是对年龄比较小的孩子来说，不能过早地让他们感到学习是压力、是任务，而要学会轻松应对学习，满怀信心地面对需要解

决的问题。这样，成年后面对同样的困难和问题，他们的信心会更强，抗压能力也会更强。

针对青少年的编程教育，如果教学方法不对，容易走向两种误区：第一种，想做到寓教于乐，但是只图了个"乐"，学生跟着培训班"玩儿"编程，最后只是玩儿，没学会多少知识，更别提能力了，白白占用了很多时间，这多是因为教材没有设计好，老师的专业水平也不够，只是哄孩子玩儿；第二种，选的教材还不错，但老师只是严肃认真地照本宣科，按照教材和教参去"执行"教学，学生很容易厌学、抵触。

本套丛书是一套能让学生爱上编程的书。丛书体现的"寓教于乐"，不是浅层次的"玩乐"，而是一步一步地激发学生的求知欲，引导学生深入计算机程序的世界，享受在其中遨游的乐趣，是更深层次的"乐"。在学生可能有疑问的每个知识点，引导他去探究；在学生无从下手不知如何解决问题的时候，循循善诱，引导他学会层层分解、化繁为简，自己探索解决问题的思维方法，并自然而然地学会相应的语法和技术。总之，这不是一套"灌"知识的书，也不是一套强化能力"训练"的书，而是能巧妙地给学生引导和启发，帮助他主动探索、解决问题，获得成就感，同时学会知识、提高能力。

丛书以《青少年编程能力等级》团体标准为依据，设定分级目标，逐级递进，学生逐级通关，每一级递进都不会觉得太难，又能不断获得阶段性成就，使学生越学越爱学，从被引导到主动探究，最终爱上编程。

优质教材是优质课程的基础，围绕教材的支持与服务将助力优质课程。初学者靠自己看书自学计算机程序设计是不容易的，所以这套教材是需要有老师教的。教学效果如何，老师至关重要。为老师、学校和教育机构提供良好的服务也是本套丛书的特点。丛书不仅包括主教材，还包括教师参考书、教师培训教材，能够帮助新的任课教师、新开课的学校和教育机构更快更好地建设优质课程。专业相关、有时间的家长，也可以借助教师培训教材、教师参考书学习

和备课，然后伴随孩子一起学习，见证孩子的成长，分享孩子的成就。

　　成长中的孩子都是喜欢玩儿游戏的，很多家长觉得难以控制孩子玩计算机游戏。其实比起玩儿游戏，孩子更想知道游戏背后的事情，学习编程，让孩子体会到为什么计算机里能有游戏，并且可以自己设计简单的游戏，这样就揭去了游戏的神秘面纱，而不至于沉迷于游戏。

　　希望这套承载着众多专家和教师心血、汇集了众多教育培训经验、依据全国高等学校计算机教育研究会团体标准编写的丛书，能够成为广大青少年学习人工智能知识、编程技术和计算思维的伴侣和助手。

清华大学计算机科学与技术系教授　郑　莉
2022 年 8 月于清华园

前言

Foreword

国家大力推动青少年人工智能和编程教育的普及与发展，为中国科技自主创新培养扎实的后备力量。Python 作为贯彻《新一代人工智能发展规划》和《中国教育现代化 2035》的主流编程语言，在青少年编程领域得到了广泛推广及普及。

当前，作为一项方兴未艾的事业——青少年编程教育在实施中受到因地区差异、师资力量专业化程度不够、社会培训机构庞杂等诸多因素引发的无序发展状态，出现了教学质量良莠不齐、教学目标不明确、教学质量无法科学评价等诸多"痛点"问题。

本套丛书以团体标准《青少年编程能力等级 第 2 部分：Python 编程》（T/CERACU/AFCEC/SIA/CNYPA100.2—2019，以下简称"标准"）为依据，内容覆盖了 Python 编程 4 个级别全部 48 个知识单元。本书作为教学辅导用书，与《跟我学 Python 四级》相配合，形成了便于老师组织教学、家长辅导孩子学习 Python 的方案。书中所涉及的拓展知识可以根据学生的学业背景知识和年龄特点灵活选用本书中的题目均指的是主教材的题目。

本书融合了中华民族传统文化、社会主义核心价值观、红色基因传承等元素，注重以"知识、能力、素养"为目标，实现"育德"与"育人"的协同。本书内容与符合标准认证的全国青少年编程能力等级考试——PAAT 深度融合，教材所述知识点、练习题与考试大纲、命题范围、难度及命题形式完全吻合，是 PAAT 考试培训的理想教材。

使用规范、科学的教材，推动青少年 Python 编程教育的规范化，以编程能力培养为核心目标，培养青少年的计算思维和逻辑思维能力，塑造面向未来的青少年核心素养，是本教材编撰的初心和使命。

本书由潘晟旻组织编写并统稿。全书共 12 个单元，其中，第 1 单元由刘领兵编写；第 2~7 单元由姜迪编写；第 8~12 单元由丁黎明和向维维编写。

本书的编写得到了全国高等学校计算机教育研究会的立项支持（课题编号：CERACU2021P03）。畅学教育科技有限公司为本书提供了插图设计和平台测试的支持。全国高等学校计算机教育研究会—清华大学出版社联合教材工作室对本书的编写给予了大力协助。"PAAT 全国青少年编程能力等级考试"考试委员会对本书给予了全面指导。郑骏、姚琳、石健、佟刚、李莹等专家、学者对本书进行了审阅和指导。在此对上述机构、专家、学者和同仁一并表示感谢！

  希望老师们利用本教材顺利开展青少年 Python 编程教学，培养孩子们的计算思维能力，引领孩子们愉快地开启 Python 编程之旅，学会用程序与世界沟通，用智慧创造未来。

作　者

2023 年 5 月

Contents

第 1 单元　堆栈队列 …………………………………………… 001

第 2 单元　算法分析 …………………………………………… 016

第 3 单元　排序算法 …………………………………………… 027

第 4 单元　查找算法 …………………………………………… 043

第 5 单元　匹配算法 …………………………………………… 058

第 6 单元　蒙特卡罗算法 ……………………………………… 074

第 7 单元　分形算法 …………………………………………… 084

第 8 单元　聚类算法 …………………………………………… 097

第 9 单元　预测算法 ………………………………………………… 105

第 10 单元　调度算法 ………………………………………………… 114

第 11 单元　分类算法 ………………………………………………… 130

第 12 单元　路径算法 ………………………………………………… 138

附录 A　青少年编程能力等级标准第 2 部分： Python
　　　　 编程四级节选 ……………………………………………… 146

1.1 知识点定位

青少年编程能力"Python 四级"核心知识点 1：堆栈队列。

1.2 能力要求

了解数据结构的概念，具备利用简单数据结构分析问题的基本能力。

1.3 建议教学时长

本单元建议 2 课时。

1.4 教学目标

1. 知识目标

本单元主要学习堆栈和队列的原理和知识，掌握堆栈和队列的类型定义及应用。

2. 能力目标

通过对堆栈和队列的自定义类型实现和该数据结构的运算实现，锻炼学习者的编程能力。

3. 素养目标

结合堆栈和队列的通用自定义类型实现和该数据结构的运算实现，进一步提高学习者的抽象思维能力及素养。

1.5 知识结构

本单元知识结构如图 1-1 所示。

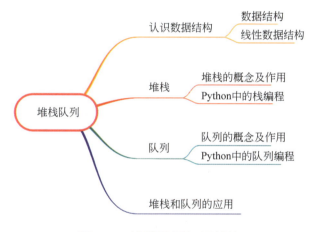

图 1-1 堆栈队列知识结构

1.6 补充知识

1. 数据结构

数据结构是带有结构特性的数据元素的集合。如图 1-2 所示，数据元素的集合可能相同（图中的 6 个小圆圈），但数据元素间的联系不同，造就了作为有机整体的数据结构间的显著差异。数据结构强调数据元素之间存在的普遍的联系。这种联系可以表现为无联系、一对一的联系、一对多的联系或者多对多的联系等不同类型的联系。一般根据不同的联系特征，把数据结构划分为集合结构、线性结构、树状结构和图结构。图 1-2 就展示了前三类数据结构的特点。

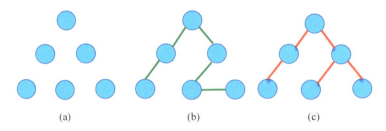

图 1-2　数据元素集合和联系的整体是数据结构

数据元素间除了同属于一个集合外，无其他联系的，属于集合结构，如图 1-2（a）所示的情形。对于数据元素间有联系的情况，可以表述为数据元素和其他元素存在前趋元素和后继元素之间的联系。在线性结构中，除了第一个数据元素没有前趋元素以及最后一个数据元素没有后继元素外，其他元素都有唯一的前趋元素和后继元素。图 1-3 中正在玩老鹰捉小鸡游戏的"小鸡"中，张开双臂的小男孩就是只有后继元素但没有前趋元素。排在"小鸡"队伍最后的小女孩就是只有前趋元素但没有后继元素的情形。图 1-2（b）的形态虽然很特别，但本质上是一个线性结构。树状结构和图结构都可以称为非线性结构。树状结构中的数据元素虽然最多只能有一个前趋元素，但可以有多个后继元素，体现了一对多的联系，图 1-2（c）中的数据结构就蕴含着这种联系。图结构中的数据元素可能存在多个前趋元素，也可能存在多个后继元素，体现了多对多的联系。

图 1-3　在老鹰捉小鸡的游戏中发现"线性结构"

对比线性结构，树状结构和图结构虽然更为复杂，但在计算机科学技术中也拥有更加重要的地位和突出的应用价值。

2. 逻辑结构和物理结构

数据结构分为逻辑结构和物理结构。逻辑结构是数据元素之间的逻辑层面的关联关系，前面提到的集合结构、线性结构、树状结构和图结构就是四类典型的逻辑结构。这样的结构特征独立于具体的计算机，因此称为逻辑结构。所谓的独立于具体的计算机，就像图1-2那样，通过图中的结点和连线，我们便能体会到数据元素之间的关系，而不需要考虑在计算机中如何组织存储这些结点，以体现图中的联系。

数据结构在计算机中的表示称为数据的物理结构，也称为存储结构。物理结构研究数据结构中数据元素的表示及元素间关系的表示，特别是后者尤为重要。典型的物理结构包括顺序存储、链式存储、散列和索引等。以线性结构为例，要表示数据元素之间的前趋、后继关系，可以使用内存上的相邻关系来实现或体现这种联系，也可以通过指向性的机制手段（例如，高级语言中的指针或引用等语法及手段）。观察图1-4的逻辑结构可以看出，如果把元素D视作第一个元素，则整个线性结构中的元素依次是D、B、A、C、E、F。元素间存在前趋后继关系，如D是B的前趋、B是D的后继。在物理结构中，容易看出，方案（a）就属于使用内存上的相邻关系来体现逻辑上的前趋后继关系。而方案（b）并没有按照前面的顺序在内存中依次保存D、B、A、C、E、F，取而代之，在内存中从前到后保存了A、B、C、D、E、F，相应地，我们可以说这6个数据元素的序号分别为1、2、3、4、5、6。为了体现数据元素的前趋后继关系，在保存一个数据元素的同时，还保存了它的后继元素的序号。

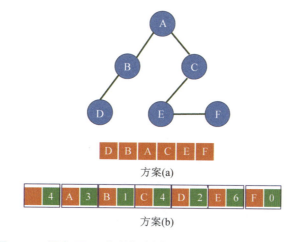

图1-4　保存同一个数据结构的两种不同的物理结构

从图 1-4 中可以认识到，一个逻辑结构可以在计算机内使用不同的物理结构。例如，顺序和链式存储都可以实现线性表结构。但两种不同的物理结构会决定在数据结构上的运算的优势、劣势或特性。例如，采用顺序存储结构时，在线性表中删除元素，需要移动大量元素，表现出一定的劣势，但按照元素索引序号可以随机访问，又表现出优势的一面。链式存储结构则刚好相反。

对于具有更直接管理内存的高级语言(如 C 语言)而言，在实现数据结构时，对物理结构的控制会更加灵活，而很多较新的高级语言（如 Python），在一定程度上向编程人员隐藏内存管理细节。因此本单元在物理结构方面不作过多强调。但在个别内容讨论到操作的时间复杂度时，归根结底，是由具体的物理结构所决定的。

3. 线性表

线性表是一个具有相同特性的数据元素的有限序列。线性表中的数据存在一对一的关联关系，即除线性表的表头元素外，任何一个元素都有唯一的前趋元素，除线性表的表尾元素外，任何一个元素都有唯一的后继元素。线性表是本单元堆栈和队列的基础。可以结合如图 1-5 所示的示例加深理解。

图 1-5　线性表结构的实例

线性表结构可以使用顺序或者链式存储结构实现，分别称为顺序表和链表。由于 Python 语言本身并不提供很多语言所提供的通用的数组编程，加上 Python 内置的 list 类型本身就是基于顺序表实现的，因此本单元不实现顺序表，如果要表达图 1-5 这样一个线性表，只需要使用如下代码。

```
L = ['小明', '小红', '小强', '小萌']
```

那么链式存储怎么实现呢？下面的程序就是用链表的方式实现了图 1-5 线性表数据结构的存储。

```python
class Node:
    def __init__(self, data, next=None) -> None:
        self.data = data
        self.next = next
    def set_data(self, data):
        self.data = data
```

```
        def get_data(self):
            return self.data
        def set_next(self, next):
            self.next = next
        def get_next(self):
            return self.next

if __name__ == "__main__":
    head = Node('')
    n1, n2 = Node('小萌'), Node('小强')
    n2.set_next(n1)
    n3 = Node('小明', Node('小红', n2))
    head.set_next(n3)
    cur = head.get_next()
    while cur:
        print(cur.get_data(), end="\t")
        cur = cur.next
```

程序中的自定义类 Node 表示结点，包括数据（data）和指向后继元素的指针（next）两个成员。在构造结点的时候，程序有意地将构造出的几个结点通过 next 指向关系来反映后继元素。程序中的 head 可以称为头结点，而且并没有指定有意义的数据，主要使用它的 next 指针指向了"小明"对应的结点。程序在最后通过一个 while 循环语句，沿着不断定位后继元素的方向遍历了整个链表。

4. 堆栈及其应用

堆栈是仅在线性表的同一端插入元素和删除元素的线性表。能够执行插入和删除元素的一端称为栈顶，不能执行这些操作的另一端称为栈底。由于这样的操作限制，堆栈是具有 LIFO（Last In, First Out，后进先出）特征的容器。把向堆栈中插入元素的操作称为进栈（或入栈，push），把从堆栈中删除元素的操作称为退栈（或出栈，pop）。

堆栈在编程中能够发挥多方面的作用。例如，将十进制数转换成二进制数的转换方法中，可以把对 2 求余的余数压入栈中，弹出栈中元素时恰好能够得到二进制数,这就是利用了栈去实现逆序。实际上,堆栈还能在把递归算法转换为非递归算法以及回溯算法方面发挥独到的作用。

数学上有一种概念称为"全排列",就是把几个数(从编程的角度来看,也可能不局限于数,例如,可以是字符串)按照一定的顺序排列出来,列出所有可能的排列称为全排列。例如,给定 1 和 2 两个数时,只可能有 1,2 或者 2,1 的排列。当给定 1,2,3 三个数时,全排列包括 1,2,3;1,3,2;2,1,3;2,3,1;3,1,2;3,2,1 共 6 种排列。如何利用堆栈实现计算全排列呢?

在图 1-6 中,从树根(顶部结点,不妨称其为 0 层)开始向下,每下降一个层次,向生成的部分结果中加入一个待使用的数。当下降到最底层时,所有的数都被用上,也就得到了一种结果。当然,在下降的过程中,很多时候可供使用的数有多个,从而造成了从某个层次向下一层次有多个分支,从图中容易看出,第几个分支就代表了使用待使用数中的第几个数。又试想一下,程序假如沿着最左侧的分支寻找到了 123,也只是得到了 1,2,3 的一种排列,要让程序能够找到所有的排列,就需要从 123 能够回退到 12,再回退到 1,并使用待使用的数字 3,从而进入 13,再进入 132 的一个排列。其他情况与此类似。

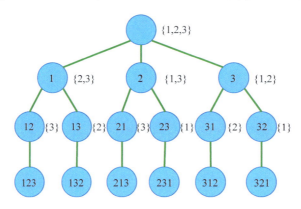

图 1-6 全排列的生成树

这个分析过程有两点启示,一是回溯算法的思想强调能够在计算过程中退回到某个状态,另一个是这种状态可以用堆栈先保存起来,在后续退栈的过程中,这个状态将会从栈顶弹出,并且演变成另一个状态,另一个状态再入栈。如图 1-6 中,结点内标有"12",结点右侧标有"{3}"的状态退栈,但能够使用的数字 3 已经用过,没有其他备选项,所以不会有同层次的新状态入栈。但它的根结点(结点内标有"1",结点右侧标有"{2,3}"的结点)出栈后,发现还应该再使用另一个备选数字 3 取代 2,因此,新的状态会入栈。

结合这样的算法思考,可以编写如下程序实现全排列的计算。

```python
from stack import Stack

def permutations(items):
    st = Stack()
    L, L2 = list(items), []

    st.push((1, 0, L.copy()))
    L2.append(L[0])
    while True:
        pi, pj, pl = st.peek()
        new_L = pl.copy()
        if pi == len(L):
            print(L2)

            while (st.peek()[1] + 1 == len(st.peek()[2])):
                st.pop()
                L2.pop()
                if st.is_empty():
                    return

            pi, pj, pl = st.pop()
            L2.pop()
            if pj + 1 < len(pl):
                st.push((pi, pj+1, pl))
                L2.append(pl[pj+1])
        else:
            del new_L[pj]
            pi += 1
            st.push((pi, 0, new_L))
            L2.append(new_L[0])

permutations([1, 2, 3])
```

程序压入栈中的是一个三元组，元组的三个元素分别表示当前的层次、当前待用数中的第几个数的使用，以及待用数的集合。如果栈顶元素是最大层次

的状态或结点，则打印出一种排列的解。并且逐层次退栈，凡是栈顶元素代表了当前层次位置最后一种方案的尝试都予以退栈。如果退栈至空栈情形，则说明所有的排列均已经给出，算法结束。如果在这个退栈过程中发现栈顶的状态代表的不是当前层次位置最后一种方案的尝试，则弹出这种方案，并用入栈新状态代表使用下一种方案。

另外，对于栈顶不是最大层次的状态，则继续入栈下一层次（最左边）的一个结点。程序中还值得注意的是，使用了 list 的 copy( ) 方法，因为这种待用数的集合是一个状态中的数据，必须独立复制，而不能多个结点共用一个列表对象。

程序输出结果为：

```
[1, 2, 3]
[1, 3, 2]
[2, 1, 3]
[2, 3, 1]
[3, 1, 2]
[3, 2, 1]
```

程序的输出结果和内置库函数 itertools.permutations( ) 的结果是一致的，甚至连全排列的各种排列的顺序都是一致的，可见背后的算法是一致的。

5. 程序资源

为了激发孩子的学习兴趣，本单元配套了链式存储.py、堆栈实现全排列.py 等程序，供授课教师选择演示。

1.7 教学组织安排

教学环节	教学过程	建议课时
知识导入	通过已经具备的 list 的编程知识，将侧重点从对象的容器转换到元素的集合以及集合整体的操作视角，启发对数据结构的思考	1 课时

第 1 单元　堆栈队列

续表

教 学 环 节	教 学 过 程	建议课时
认识数据结构	学习数据结构的概念，认识线性数据结构	
堆栈	通过玻璃筒放入取出乒乓球的游戏引入，学习栈操作的特征和约束，了解堆栈的应用。 通过实际的编程实现堆栈类，并应用堆栈类编程模拟玻璃筒放入取出乒乓球的游戏的过程	
队列	学习队列操作的特征和约束，了解队列的应用。 通过实际的编程，实现队列类，并应用队列类编程	
堆栈和队列的基本应用	通过实际应用举例，学习堆栈和队列在解决问题方面的编程应用。 （1）以基于堆栈的表达式计算为例学习堆栈的应用。 （2）以使用队列完成的报数游戏模拟为例学习队列的应用	1 课时
课堂讨论	针对单行文本的有效性验证以及多行文本的查找匹配进行练习	
单元总结	回顾各类序列数据类型的特征和异同，总结有序数据组的应用特点	

1.8　教学实施参考

1. 讨论式知识导入

引导学生回顾 list 组合数据类型，引导对元素的顺序关系的理解以及 list 类型的操作，启发对数据结构的思考。

2. 关于数据结构的探讨

从 list 的编程经验，讨论元素的顺序关系，讨论列表容器的增加元素、删除元素等操作，讨论限定操作方式的情况。

3. 在总结与归纳中认识数据结构

从讨论中总结线性数据结构的概念，总结操作受限的数据结构的特殊性。

4. 知识点一：数据结构

（1）数据结构是带有结构特性的数据元素的集合。
（2）研究数据元素之间的相互关系，以及数据结构上的运算。
（3）线性结构说明数据元素间有一对一的相互关系。

5. 知识点二：堆栈

（1）演示玻璃筒放入取出乒乓球的游戏过程，学习栈操作的特征。
（2）堆栈是限定在同一端插入元素和删除元素的线性表。
（3）学习栈顶、栈底、出栈、入栈等术语，理解其意义。
（4）体会堆栈结构的 LIFO 特征，了解堆栈的典型应用。
（5）演示堆栈类的定义和使用。

6. 知识点二：队列

（1）队列是限定在一端插入元素，在另一端删除元素的线性表。
（2）学习队首、队尾、出队、入队等术语，理解其意义。
（3）体会队列结构的 FIFO 特征，了解队列的典型应用。
（4）演示队列类的定义和使用。

7. 知识点四：堆栈和队列的基本应用

（1）演示基于堆栈实现计算表达式的算法，通过对表达式计算的算符优先规则的分析，结合栈结构的巧妙运用，达到符合堆栈结构 LIFO 特征的表达式计算顺序。
（2）演示使用队列完成的报数游戏模拟求解出队顺序的问题，启发用计算机模拟时序变化事件的思维意识。

8. 本单元知识总结

小结本单元的内容，布置课后作业。

1.9 拓展练习

（1）作用域是众多编程语言中非常有意思的一个共同概念，Python 语言也不例外。在程序中使用到一个变量时，到底使用哪个作用域中的变量，决定了程序的行为。请编程实现对作用域的检查，使程序能够明确使用哪个作用域中的变量。

例如，有如下 Python 程序段：

```
i = 1
j = 2
def f():
    print(i)
    j = 3
    def g():
        i = 4
        print(i)
        print(j)
        print(k)
print(i)
print(j)
```

其中，print(*) 位置体现了对变量的使用，例如，出现在函数 g( ) 中的 print(j) 引用的是函数 f( ) 作用域内的变量 j，而出现在函数 g( ) 中的 print(k) 引用了一个不存在的变量。

提示：简化程序代码语句行形式考虑，可以假设仅出现赋值（定义变量）语句，定义函数的 def 语句以及引用变量的 print( ) 语句。刚开始分析程序时或者出现 def 语句时，产生作用域，不妨给全局作用域命名为 global，函数引入的作用域命名为函数名称。出现 def 语句时，新的作用域入栈，而缩进层次降低或回退时，进行恰当的退栈，这样可以保证栈顶总是当前生效的作用域。在查找一个变量名称时，首先在栈顶元素代表的作用域内查找，找不到则弹出该栈顶元素在新栈顶中寻找，或者实现为在次栈顶寻找（需要对本单元 Stack 稍加调整，以支持复制整个堆栈或者访问栈中非栈顶元素的操作）。

以上述程序段为例，程序可能的输出为：

```
i = 1
j = 2
def f():
    print(i)              REF: global.i
    j = 3
    def g():
        i = 4
        print(i)          REF: g.i
        print(j)          REF: f.j
        print(k)          REF: NOT FOUND!

    print(i)              REF: global.i
    print(j)              REF: global.j
```

（2）os 是一个 Python 标准库，其中的 os.listdir() 函数能够列出指定目录下的文件及子目录，但不进一步列出子目录中的内容。如果现在需要实现列出指定目录及其子目录中的所有文件和文件夹，请编程实现这样的功能。

提示：可以将发现的子目录保存在队列中。另外，os.path 是一个处理文件/文件夹时非常有用的库。你可能会使用到 os.path.join(dir, name) 和 os.path.isdir(path) 这些函数。

1.10 问题解答

【问题 1-1】 可能有"1，2，3，4"的出栈序列，可能有"4，3，2，1"的出栈序列，不可能有"3，4，1，2"的出栈序列。当使用入栈 1、出栈 1、入栈 2、出栈 2……这样的操作序列时，有"1，2，3，4"的出栈序列。而当 1，2，3，4 依次全部入栈，再依次出栈则会出现"4，3，2，1"的出栈序列。之所以不可能有"3，4，1，2"的出栈序列，是因为在 1 出栈时，2 不能停留在栈中，否则就违背了栈的 FILO 原则。

【问题 1-2】 程序输出 11001，程序的功能是将变量 n 中的正整数以二进制形式输出。

1.11　第 1 单元习题答案

1. B　2. C　3. B　4. C　5. D
6. 参考编程题答案

```
from stack import Stack

st = Stack()
s = input()
for c in s:
    if c in ['(', '[']:
        st.push(c)
    elif c in [')', ']']:
        if st.is_empty():
            print('不匹配')
            exit()
        c2 = st.pop()
        if not (c2=='(' and c==')' or c2=='[' and c==']'):
            print('不匹配')
            exit()
print('不匹配' if not st.is_empty() else '匹配')
```

本单元资源下载可扫描下方二维码。

扩展资源

2.1 知识点定位

青少年编程能力"Python 四级"核心知识点 12：算法分析。

2.2 能力要求

掌握算法时间和空间复杂度的计算方法，对算法优劣进行客观评价。

2.3 建议教学时长

本单元建议 2 课时。

2.4 教学目标

1. 知识目标

本单元主要学习算法评价的相关理论与方法，帮助学习者理解计算复杂性的基本概念，理解大 O 表示法的方法和意义，掌握算法时间复杂度和空间复杂度的计算方法。

2. 能力目标

学习者能够根据算法的时间复杂度和空间复杂度对其优劣进行客观评价。

3. 素养目标

感受算法在社会生活和工作中发挥的重要作用，通过对算法从感性到理性的认知提升过程，获得对计算机科学的探知欲望，在学习过程中结合课程思政教育增强学生的文化自信。

2.5 知识结构

本单元知识结构如图 2-1 所示。

图 2-1 算法分析知识结构

2.6 补充知识

（1）常见时间复杂度类型及意义，如表2-1所示。

表2-1 常见时间复杂度类型及意义

类　　型	意　　义	举　　例
$O(1)$	最低复杂度，常量值，耗时与输入数据大小无关，无论输入数据增大多少倍，耗时都不变	哈希算法就是典型的$O(1)$时间复杂度，无论数据规模多大，都可以在一次计算后找到目标（不考虑冲突的情况下）
$O(n)$	数据量增大几倍，耗时也增大几倍	遍历算法
$O(n^2)$	算法的时间复杂度将会随着输入数据的增长而呈现出二次方增长	冒泡排序，两层循环嵌套
$O(n^3)$	算法的时间复杂度将会随着输入数据的增长而呈现出三次方增长	三层循环嵌套
$O(\log n)$	当数据量增大n倍时，耗时增大$\log_2 n$倍	二分查找算法
$O(n\log n)$	当数据量增大n倍时，耗时增大$\log_2 n$倍，该复杂度高于线性低于平方	归并排序算法

（2）大O复杂度曲线，如图2-2所示。

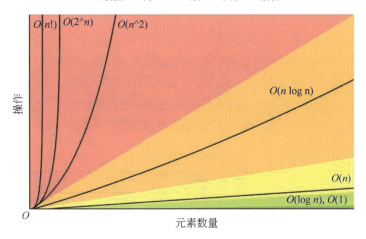

图2-2 大O复杂度曲线

（3）Python 常见数据结构的性能，如表 2-2 所示。

表 2-2　Python 常见数据结构的性能

类　　型	操　　作	大 O 效率
列表	索引	$O(1)$
	索引赋值	$O(1)$
	插入	$O(n)$
	追加	$O(1)$
	pop()	$O(1)$
	pop(i)	$O(n)$
	删除	$O(n)$
	遍历	$O(n)$
	包含	$O(n)$
	切片	$O(k)$
	反转	$O(n)$
	连接	$O(k)$
	排序	$O(n\log n)$
	乘法	$O(nk)$
字典	复制	$O(n)$
	取值	$O(1)$
	赋值	$O(1)$
	删除	$O(1)$
	包含	$O(1)$
	遍历	$O(n)$

2.7　教学组织安排

教学环节	教学过程	建议课时
知识导入	以虚拟人物间的对话为例，风趣地引入对算法相关知识的回顾，重温算法的概念和基本特性。通过设问引出对计算复杂性分析方法的思考	1 课时

续表

教学环节	教学过程	建议课时
计算的复杂性	抛出"计算成本"的相关概念,引导学习者对计算成本的量化方法问题进行思考,总结归纳后给出计算复杂性的基本概念	
算法时间复杂度	(1)对算法时间复杂度的基本概念、表示方法(大O表示法)和何为"时间渐进复杂度"进行讲解。 (2)讲解求解时间复杂度的具体步骤。 (3)通过案例讲解时间复杂度具体计算方法。 ① 常数级复杂度。 ② 多项式级复杂度。 ③ 指数级复杂度	
阶段性总结	课程中的重难点问题"时间复杂度计算"讲解完成,适时进行总结凝练,巩固记忆	
算法空间复杂度	(1)对空间复杂度的概念、算法所占用空间类型进行分析与讲解。 (2)通过案例讲解空间复杂度具体计算方法。 ① 常量级复杂度。 ② 线性级复杂度。 ③ 对数级复杂度	1课时
阶段性总结	对"空间复杂度计算"的相关知识点进行总结凝练,巩固记忆	
优秀算法的特征	在算法基本特征的基础上,向学生展示优秀算法所应具有的特征,做适当讲解,引发个人思考	
单元总结	对本讲知识进行总结归纳,布置课后作业和拓展阅读内容	

2.8 教学实施参考

 1. 讨论式知识导入

(1)以小萌和小帅的对话为例,风趣地引入对算法相关知识的回顾,重温

算法的概念和基本特性。

（2）通过设问引出对计算复杂性分析方法的思考。

2. 知识点一：何为计算复杂性

（1）回顾在过往学习中所接触过的算法（例如，使用 for 循环嵌套求解百鸡百钱问题，使用函数的递归调用求解汉诺塔问题），引导大家展开对算法计算成本量化的思考。

（2）对计算复杂性的概念进行讲解。

3. 知识点二：时间复杂度概念讲解

通过虚拟人物的两个提问引出学习者在理解时间复杂度时的两个常见困惑。

问题1："如何在不执行程序的情况下计算算法的时间复杂度呢？"

回答：一个算法花费的时间与算法中语句的执行次数成正比，哪个算法中语句执行次数多，它花费的时间就多。

问题2："为什么不直接使用算法的运行时间衡量时间复杂度呢？"

回答：时间复杂度并不是表示一个程序解决问题需要花多少时间，而是当问题规模扩大后，程序需要的时间长度增长得有多快。

4. 知识点三：大 O 表示法和渐进时间复杂度

（1）大 O 表示法：表示程序的执行时间或占用空间随数据规模的增长趋势。

（2）渐进时间复杂度：将代码的所有步骤转换为关于数据规模 n 的公式项，然后排除不会对问题的整体复杂度产生较大影响的低阶系数项和常数项。

5. 知识点四：求解时间复杂度的具体步骤

（1）找出算法中的基本语句。
（2）计算基本语句的执行次数的数量级。
（3）用大 O 记号表示算法的时间性能。

6. 知识点五：时间复杂度具体计算方法

1）常数级复杂度
参照教材示例讲解常数级时间复杂度计算方法。
2）多项式级复杂度
讲解多项式级时间复杂度的概念，在举例中通过"查找数字"场景引出算法运行时间的三种情况：最好、平均、最坏。向学生说明：在使用大 O 表示法分析时间复杂度时，我们选择的是最坏情况下的时间复杂度。参照教材中案例依次讲解 $O(n)$ 线性级、$O(n^2)$ 平方级、$O(n^3)$ 立方级、$O(\log_2 n)$ 对数级、$O(n\log_2 n)$ 线性对数级时间复杂度的计算方法。
3）指数级复杂度
参照教材示例讲解指数级时间复杂度计算方法。

7. 知识点六：空间复杂度和算法占用空间

（1）在完成空间复杂度概念的讲解后，通过提问（"大家想一想，算法在计算机上运行时会占用的空间都有什么？"）引出学习者对空间复杂度的思考。

（2）对算法的所占用空间进行列举，指出"辅助空间是算法在运行过程中临时占用的存储空间，随算法的不同而异，是衡量空间复杂度的关键因素"。

8. 知识点七：空间复杂度计算方法

通过案例讲解空间复杂度具体计算方法。

（1）常量级复杂度：以教材中案例"逆序 a 中元素并存储在 b 中"为例，讲解常量级空间复杂度计算方法。需要注意的是：在 Python 3 中，range(n) 将返回一个迭代器（并不创建整个长度为 n 的列表），因此其空间复杂度为 $O(1)$，而非 $O(n)$。

（2）线性级复杂度：以列表为例进行说明，空间复杂度取决于其使用变量的类型和结构。对于简单类型变量，无论其数量是多少，空间复杂度始终为 $O(1)$。

（3）递归算法产生的堆栈空间复杂度：参照教材示例进行讲解，递归算法的空间复杂度为递归所使用的堆栈空间的大小，它等于一次调用所分配的临时存储空间的大小乘以被调用的次数（即为递归调用的次数加1，这个1表示开始进行的一次非递归调用）。

9. 知识点八：优秀算法的基本特性

对"正确性、易读性、健壮性、高效性、低存储性"的内涵进行讲解，可根据自身理解适当举例说明。

10. 单元总结

（1）小结本次课内容，布置课后作业。
（2）布置拓展阅读内容：中国古代数学中的算法——割圆术、韩信点兵、杨辉三角、大衍求一术（中国剩余定理）。

2.9 拓展练习

Python 内置的 timeit 模块可以用来测试一小段 Python 代码的执行速度，请查询资料后编写代码，使用 timeit 模块测试以下六种列表生成方式的执行速度。

```
#test1 至 test6 为六种不同的列表生成方式
def test1():
    a=[]
    for i in range(1000):
        a+=[i]


def test2():
    a=[i for i in range(1000)]


def test3():
```

```
        a=[]
        for i in range(1000):
            a.append(i)

    def test4():
        a=[]
        for i in range(1000):
            a.insert(-1,i)

    def test5():
        a=list(range(1000))

    def test6():
        a=[]
        for i in range(1000):
            a.extend([i])
```

2.10 问题解答

【问题2-1】 尽管代码中有三条语句，但是单个语句的频度均为1，该程序的执行时间是一个与问题规模 n 无关的常数。所以该程序的时间复杂度为 $O(1)$，正确答案为 A。

【问题2-2】 代码中有两层 for 循环嵌套，外层循环执行 n 次，内层循环执行次数受外层影响依次递增（$1,2,3,\cdots,n$），本质上其量级仍为 n 次，所以核心语句会被执行 $n \times n$ 次，因此该程序的时间复杂度为 $O(n^2)$，正确答案为 B。

【问题2-3】 因为 $2^6=64, \log_2 64=6$，所以代码的时间复杂度为 $O(\log_2 n)$，即 $O(\log n)$，正确答案为 D。

2.11 第 2 单元习题答案

1. B 2. C 3. D 4. C 5. B 6. C 7. C 8. D 9. C

本单元资源下载可扫描下方二维码。

扩展资源

青少年编程能力"Python 四级"核心知识点 2:排序算法。

能够解释并实现冒泡排序、选择排序、直接插入排序算法,根据应用场景和数据存储结构选择合适的算法完成排序。

本单元建议 6 课时。

1. 知识目标

本单元主要学习排序算法的算法思想和代码实现,帮助学习者理解冒泡排序、选择排序、直接插入排序算法的适用场景,掌握各排序算法的时间复杂度和空间复杂度。

2. 能力目标

学习者能够根据应用场景和数据存储结构选择合适的算法完成排序。

3. 素养目标

通过对各排序算法的学习，理解程序设计中的那些灵光一闪和精巧构思，感受算法在社会生活和工作中发挥的重要作用，通过对算法从感性到理性的认知提升过程，获得对计算机科学的探知欲望。

3.5 知识结构

本单元知识结构如图 3-1 所示。

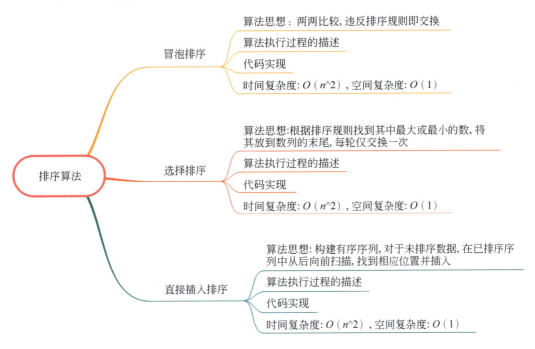

图 3-1 排序算法知识结构

3.6 补充知识

1. 十种常见排序算法

除教材中提及的冒泡排序、选择排序、直接插入排序外，常见的排序算法还有：希尔排序、堆排序、快速排序、归并排序、计数排序、桶排序、基数排序等。十种常见排序算法可以分为以下两大类。

（1）比较类排序：通过比较来决定元素间的相对次序，由于其时间复杂度不能突破 $O(nlogn)$，因此也称为非线性时间比较类排序。

（2）非比较类排序：不通过比较来决定元素间的相对次序，它可以突破基于比较排序的时间下界，以线性时间运行，因此也称为线性时间非比较类排序。

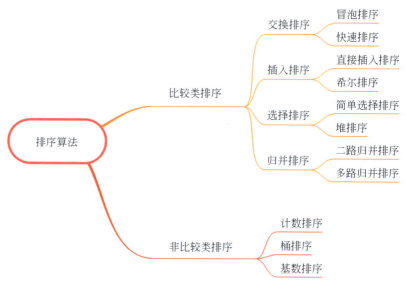

图 3-2　常见排序算法

2. 常见排序算法的复杂度

常见排序算法的复杂度如表 3-1 所示。

表 3-1　常见排序算法的复杂度

排序方法	时间复杂度（平均）	时间复杂度（最坏）	时间复杂度（最好）	空间复杂度	稳定性
插入排序	$O(n^2)$	$O(n^2)$	$O(n)$	$O(1)$	稳定
希尔排序	$O(n^{1.3})$	$O(n^2)$	$O(n)$	$O(1)$	不稳定
选择排序	$O(n^2)$	$O(n^2)$	$O(n^2)$	$O(1)$	不稳定
堆排序	$O(n\log n)$	$O(n\log n)$	$O(n\log n)$	$O(1)$	不稳定
冒泡排序	$O(n^2)$	$O(n^2)$	$O(n)$	$O(1)$	稳定
快速排序	$O(n\log n)$	$O(n^2)$	$O(n)$	$O(n\log n)$	不稳定
归并排序	$O(n\log n)$	$O(n\log n)$	$O(n\log n)$	$O(n)$	稳定
计数排序	$O(n+k)$	$O(n+k)$	$O(n+k)$	$O(n+k)$	稳定
桶排序	$O(n+k)$	$O(n^2)$	$O(n)$	$O(n+k)$	稳定
基数排序	$O(n\times k)$	$O(n\times k)$	$O(n\times k)$	$O(n+k)$	稳定

算法稳定性并未在学生用书中提及，其含义如下。

（1）稳定：如果 a 原本在 b 前面，而 a=b，排序之后 a 仍然在 b 的前面。

（2）不稳定：如果 a 原本在 b 的前面，而 a=b，排序之后 a 可能会出现在 b 的后面。

3. 希尔排序算法

希尔排序（Shell Sort）是插入排序的一种，又称"缩小增量排序"，是直接插入排序算法的一种更高效的改进版本。希尔排序是非稳定算法，因 DL.Shell 于 1959 年提出而得名。

算法思想：

设一个序列里有 n 个待排序的元素，将间隔相同距离的元素分为一组进行比较，这里的间隔称为增量（gap），增量通常为 n/2（奇偶数均可），随着算法的进行，增量慢慢缩小（通常为原增量的 1/2），当增量减至 1 时，所有元素被分成一组，直到相邻的元素比较完，结束排序。

排序过程演示：

假设有序列 8 1 5 4 6 2 3 7，现在要将它们按照升序排列。

图 3-3　第一轮排序分组

第一轮排序：序列长度为 8，增量可为 4、2、1（每结束一轮排序，增量减半），首先增量为 4 时，将间隔相同距离的元素分为一组进行比较，如图 3-3 所示。

第一组：8 和 6 进行比较，8 > 6，两个元素交换位置（进行升序排序，小元素在前，大元素在后）。

第二组：1 和 2 进行比较，1 < 2，两个元素位置不变。

第三组：5 和 3 进行比较，5 > 3，两个元素交换位置。

第四组：4 和 7 进行比较，4 < 7，两个元素位置不变。

第一轮比较结束，结果如图 3-4 所示。

第二轮排序：接下来增量为 2 重新对序列进行分组排序，共分为两组，如图 3-5 所示。

图 3-4　第一轮排序结果　　　图 3-5　第二轮排序分组

第一组：6、3、8、5 进行比较，小的元素在前，大的元素在后，结果为 3、5、6、8。

第一组：1、4、2、7 进行比较，小的元素在前，大的元素在后，结果为 1、2、4、7。

第二轮比较结束，结果如图 3-6 所示。

第三轮排序：接下来增量为 1 重新对数组进行分组排序，所有元素被分为一组。可以看出，当增量为 1 时变为直接插入排序，最后一轮排序结束后得到一个升序数列，如图 3-7 所示。

图 3-6　第二轮排序结果 　　　图 3-7　第三轮排序结果

希尔排序算法运行过程描述如下。

步骤 1：选定一个增量 h（一般是序列长度的一半），按照增量 h 作为数据分组的依据，对数据进行分组。

步骤 2：对分好组的每一组数据完成插入排序。

步骤3：减小增量（最小减为1），按照增量对数据进行分组。
步骤4：重复步骤2、步骤3直至排序完成。

4. 归并排序算法

归并排序（Merge Sort）是利用归并的思想实现的排序方法，该算法采用经典的分治（divide-and-conquer）策略。分治法将问题分(divide)成一些小的问题然后递归求解，而治(conquer)的阶段则将分的阶段得到的各答案"修补"在一起，即分而治之。

算法思想：

把序列从中间划分成两个子序列；一直递归地把子序列划分成更小的子序列，直到子序列里面只有一个元素；依次按照递归的返回顺序，不断地合并排好序的子序列，直至整个序列完成排序。

排序过程演示：

假设有序列 8 4 5 7 1 3 6 2，现在要将它们按照升序排列。

根据分而治之的思想，整个算法的排序过程可以分解为"分"和"治"两个阶段，如图3-8所示。

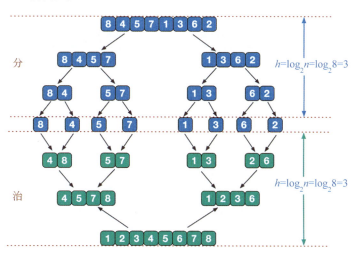

图 3-8 归并排序的分治演示

"分"阶段可以理解为递归拆分子序列的过程，递归深度为 $\log_2 n$。

在"治"阶段，需要将两个已经有序的子序列合并成一个有序序列，如图3-8中的最后一次合并，要将 [4,5,7,8] 和 [1,2,3,6] 两个已经有序的子序列，合并为最终序列 [1,2,3,4,5,6,7,8]，实现步骤如图3-9所示。

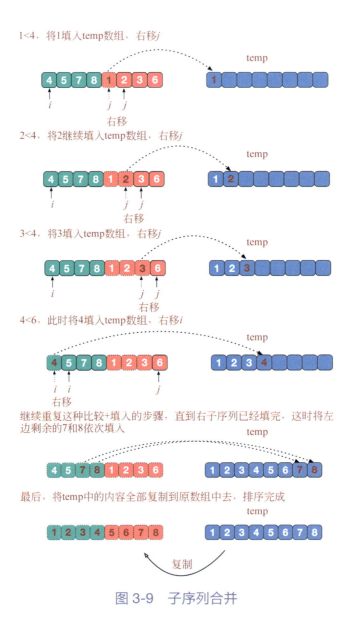

图 3-9 子序列合并

3.7 教学组织安排

教学环节	教学过程	建议课时
知识导入	以虚拟人物间的对话为例，风趣地引出"排序"的概念，在此过程中注意点出以下两个重要的知识点。 （1）对于排序算法来讲，比较其优劣最直观的方式就是看完成排序时比较次数的多少。 （2）排序算法的执行效率和数据规模有关	
冒泡排序 （原理讲授）	（1）对算法的实现原理进行简要介绍，引发学生思考，通过对算法名称的形象化比喻，激发学生的学习兴趣。 （2）结合案例对算法的操作过程进行实例讲解，经过一轮排序后，让学生自主完成后续排序过程，引导其发现待排序数据个数和排序轮次之间的规律。 （3）对算法的操作步骤进行总结、凝练。 （4）引导学生思考升降序排列时算法比较规则的变化	2课时
冒泡排序 （代码实现）	（1）对冒泡排序算法的代码实现进行讲解。 （2）布置课堂练习，对学生进行辅导，使其当堂完成代码编写	
冒泡排序 （算法复杂度分析）	对冒泡排序算法的时间复杂度和空间复杂度分析方法进行讲解	
选择排序 （原理讲授）	（1）对算法的实现原理进行简要介绍，通过与冒泡排序进行比较，指出二者间的区别：选择排序在每轮排序中只做一次交换。 （2）结合案例对算法的操作过程进行实例讲解，引导学生自主完成算法操作步骤的总结、凝练。 （3）对算法的操作步骤进行讲解。 （4）引导学生思考升降序排列时算法比较规则的变化	2课时
选择排序 （代码实现）	（1）对选择排序算法的代码实现进行讲解。 （2）布置课堂练习，对学生进行辅导，使其当堂完成代码编写	

续表

教学环节	教学过程	建议课时
选择排序 （算法复杂度分析）	对选择排序算法的时间复杂度和空间复杂度分析方法进行讲解	
直接插入排序 （原理讲授）	（1）对直接插入算法的实现原理进行简要介绍。 （2）结合案例对算法的实现原理和操作过程进行实例讲解，引导学生自主完成算法操作步骤的总结、凝练。 （3）对算法的操作步骤进行讲解。 （4）引导学生思考升降序排列时算法比较规则的变化	2课时
直接插入排序 （代码实现）	（1）对直接插入排序算法的代码实现进行讲解。 （2）布置课堂练习，对学生进行辅导，使其当堂完成代码编写	
直接插入排序 （算法复杂度分析）	对直接插入排序算法的时间复杂度和空间复杂度分析方法进行讲解	
单元总结	对本讲知识进行总结归纳，布置课后作业和拓展阅读内容	

3.8 教学实施参考

1. 讨论式知识导入

（1）以小萌和小帅的对话为例，引出排序的概念。

（2）抛开算法细节，给出讨论排序算法时两个重要的背景知识：①对于排序算法来讲，比较其优劣最直观的方式就是看完成排序时比较次数的多少；②排序算法的执行效率和数据规模有关。

2. 知识点一：冒泡排序的算法思想

（1）通过对算法名字由来的讨论，引发学生思考，对算法产生初步认识。

（2）结合示例对冒泡排序的算法思想进行讲解，冒泡排序的特点在于"两两比较，违反排序规则即交换"。

（3）对 n 个数进行排序所需的轮次为 n–1 轮。

知识点二：冒泡排序的操作过程描述

冒泡排序的算法过程如下（以升序为例）。
步骤1：比较相邻的元素。如果大的在前，就交换它们。
步骤2：对每一对相邻元素做同样的操作，从开始第一对到结尾的最后一对，这样在最后的元素会是最大的数。
步骤3：针对所有的元素重复以上的步骤，除了最后一个元素。
步骤4：重复步骤1~3，直到排序完成。

知识点三："升序排列"变"降序排列"时的规则更改

通过虚拟人物的提问引出实现"降序排列"时的比较规则变化，即"比较两个数时，如果小的在前，那么就交换位置，反之则不交换"。

知识点四：冒泡排序的代码实现

对冒泡排序的核心关键代码进行讲解，配合练习题帮助学生完成知识内化吸收。

知识点五：冒泡排序的算法复杂度计算

（1）冒泡排序总的比较次数是前 n–1 个数的和，即 $\frac{1}{2}n^2-\frac{1}{2}n$，所以时间复杂度为 $O(n^2)$。

（2）最好的情况下时间复杂度为 $O(n)$。

（3）冒泡排序不需要借助额外的存储空间，其空间复杂度为 $O(1)$。

知识点六：选择排序的算法思想

（1）结合示例对选择排序的算法思想进行讲解，选择排序的特点在于"根据排序规则（升序或降序）找到其中最大或最小的数，将其放到序列的末尾"。

（2）选择排序每轮仅需交换一次。

（3）对 n 个数进行排序所需的轮次为 n–1 轮。

8. 知识点七：选择排序的操作过程描述

选择排序的运算过程可以总结如下(以升序为例)。

步骤 1：从当前序列中找出最大的元素，将它与序列的队尾元素交换，如其为队尾元素，则在原位置不动。

步骤 2：针对所有的元素重复以上的步骤，除了最后一个。

步骤 3：重复步骤 1、步骤 2，直至排序完成。

9. 知识点八：选择排序的代码实现

对选择排序的核心关键代码进行讲解，配合练习题帮助学生完成知识内化吸收。

10. 知识点九：选择排序的算法复杂度计算

（1）不管在最好或最坏情况下，选择排序的时间复杂度都是 $O(n^2)$。

（2）选择排序每轮只交换一次，所以其运行速度比冒泡排序更快。

（3）选择排序不需要借助额外的存储空间，其空间复杂度为 $O(1)$。

11. 知识点十：直接插入排序的算法思想

（1）结合示例对直接插入排序的算法思想进行讲解，直接插入排序的特点在于"通过构建有序序列，对于未排序数据，在已排序序列中从后向前扫描，找到相应位置并插入"。

（2）直接插入排序所谓"构建"有序序列，其实并非真的创建，而是将序列中位于队首的数据视为有序序列的第一个元素。

（3）对 n 个数进行排序所需的轮次为 n–1 轮。

12. 知识点十一：直接插入排序的操作过程描述

直接插入排序的运算过程描述如下（以升序为例）。

步骤1：首先将队首位置的元素视为"有序列表"中的第一个元素，其余元素视为"无序列表"。

步骤2：将"无序列表"中的第一个元素a与"有序列表"中的元素从后向前依次进行比较。当"有序列表"中某个元素b比a大时，将元素b右移，继续向前进行比较，直到"有序列表"中没有比a大的元素时停止，将a插入；如"有序列表"中没有比a大的元素，将a插入到"有序列表"队尾；如果待插入的元素a与有序序列中的元素b相等,则将元素a插入到相等元素b的后面。

步骤3：重复步骤1、步骤2，直至"无序列表"中元素为空，则排序完成。

13. 知识点十二：直接插入排序的代码实现

对直接插入排序的核心关键代码进行讲解，配合练习题帮助学生完成知识内化吸收。

14. 知识点十三：直接插入排序的算法复杂度计算

（1）直接插入排序的算法时间复杂度为$O(n^2)$。
（2）最好的情况下时间复杂度为$O(n)$。
（3）直接插入排序不需要借助额外的存储空间，其空间复杂度为$O(1)$。

15. 单元总结

（1）小结本次课内容，布置课后作业。
（2）布置拓展阅读内容：希尔排序、归并排序、快速排序、堆排序。

3.9 拓展练习

编写程序实现如下的功能。
（1）针对给定列表alist = [54, 26, 93, 17, 77, 31, 44, 55, 20],使用希尔排序算法编写函数shellSort()实现alist中元素的降序排列。

（2）调用 shellSort() 函数，输出排序后的列表。

3.10 问题解答

【问题 3-1】 请使用冒泡排序实现如下列表中元素的降序排列。

alist = [55,26,83,17,88,34,47,59,22]

```python
def bubbleSort(alist):
    # 每次遍历元素个数递减
    for num in range(len(alist)-1,0,-1):
        for i in range(num):
            if alist[i] < alist[i+1]:
                alist[i],alist[i+1] = alist[i+1],alist[i]
arr = [55,26,83,17,88,34,47,59,22]
bubbleSort(arr)
for i in range(len(arr)):
    print("{} ".format(arr[i]))
```

【问题 3-2】 请使用选择排序实现如下列表中元素的降序排列。

alist = [55,26,83,17,88,34,47,59,22]

```python
def selectionSort(alist):
    # 每次遍历元素个数递减
    for i in range(len(alist)-1,0,-1):
        # 指定初始的最小值下标为 0
        min_idx = 0
        # 遍历剩余元素，依次与当前最小值比较
        for j in range(1,i+1):
            if alist[j] < alist[min_idx]:
                # 更新最小值下标
                min_idx = j
        # 将最小值与末尾元素交换
```

```
            alist[i],alist[min_idx] = alist[min_idx],alist[i]
arr = [55,26,83,17,88,34,47,59,22]
selectionSort(arr)
for i in range(len(arr)):
    print("{} ".format(arr[i]))
```

【问题 3-3】 请使用直接插入排序实现如下列表中元素的降序排列。
alist = [55,26,83,17,88,34,47,59,22]

```
def insertSort(alist):
    # 将第一个元素视为有序，其余元素为无序，依次遍历无序元素
    for idx in range(1,len(alist)):
        # 记录当前待插入无序元素的值和下标
        current = alist[idx]
        position = idx
        # 从后向前依次与有序元素比较，如果该元素比待插入值小，将其后移，
        # 直到有序列表中没有比其小的元素时停止
        while position >0 and alist[position-1] < current:
            alist[position] = alist[position-1]
            position = position - 1
        # 将待插入元素插入到当前位置
        alist[position] = current
arr = [55,26,83,17,88,34,47,59,22]
insertSort(arr)
for i in range(len(arr)):
    print("{} ".format(arr[i]))
```

3.11 第 3 单元习题答案

1. A 2. C 3. D 4. A 5. A 6. B 7. B 8. A 9. C

10. 编程题

```python
def bubbleSort(alist):
    # 每次遍历元素个数递减
    for num in range(len(alist)-1,0,-1):
        for i in range(num):
            if alist[i] < alist[i+1]:
                alist[i],alist[i+1] = alist[i+1],alist[i]
arr = [55,26,83,17,88,34,47,59,22]
bubbleSort(arr)
for i in range(len(arr)):
    print("{} ".format(arr[i]))
```

11. 编程题

```python
def selectionSort(alist):
    # 每次遍历元素个数递减
    for i in range(len(alist)-1,0,-1):
        # 指定初始的最小值下标为0
        min_idx = 0
        # 遍历剩余元素，依次与当前最小值比较
        for j in range(1,i+1):
            if alist[j] > alist[min_idx]:
                # 更新最小值下标
                min_idx = j
        # 将最小值与末尾元素交换
        alist[i],alist[min_idx] = alist[min_idx],alist[i]
arr = [55,26,83,17,88,34,47,59,22]
selectionSort(arr)
for i in range(len(arr)):
    print("{} ".format(arr[i]))
```

本单元资源下载可扫描下方二维码。

扩展资源

4.1 知识点定位

青少年编程能力"Python 四级"核心知识点 3：查找算法。

4.2 能力要求

能够解释并实现顺序查找、二分查找、插值查找算法，了解不同查找算法对数据的特定要求，能够根据数据情况选择合适的算法完成查找操作。

4.3 建议教学时长

本单元建议 6 课时。

4.4 教学目标

1. 知识目标

本单元主要学习查找算法的算法思想和代码实现，帮助学习者理解顺序查找、二分查找、插值查找算法的适用数据场景，掌握各查找算法的时间复杂度和空间复杂度。

2. 能力目标

学习者能够根据数据特征选择合适的算法完成查找操作。

3. 素养目标

通过对各查找算法的学习，理解算法中蕴含的工程学思想和求解策略，感受算法在社会生活和工作中发挥的重要作用，通过对算法从感性到理性的认知提升过程，获得对计算机科学的探知欲望。

4.5 知识结构

本单元知识结构如图 4-1 所示。

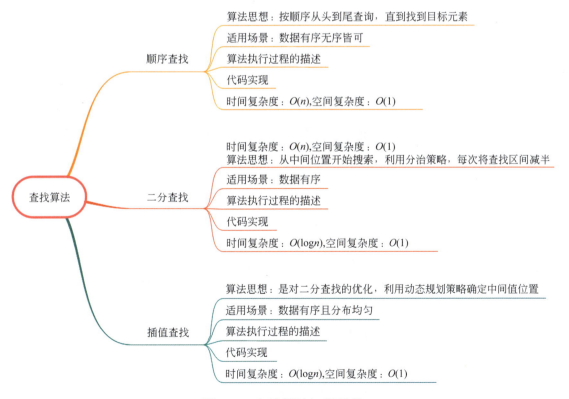

图 4-1　查找算法知识结构

1. 常见查找算法

除教材中提及的顺序查找、二分查找、插值查找外,其余常见的查找算法还有:斐波那契查找、树表查找、哈希查找、分块查找等。插值查找和斐波那契查找是对二分查找算法的优化。

2. 无序查找和有序查找

无序查找:待查找序列有序无序均可。
有序查找:待查找序列必须为有序。

3. 常见查找算法的时间复杂度

常见查找算法的时间复杂度如表4-1所示。

表4-1 常见查找算法的时间复杂度

算法名称	时间复杂度
顺序查找	$O(n)$
二分查找	$O(\log n)$
插值查找	$O(\log n)$
二叉排查树查找	$O(\log n)$
哈希查找	$O(1)$
分块查找	$O(\log n)$
斐波那契查找	$O(\log n)$

4. 哈希查找算法

哈希查找算法又称散列查找算法,是一种借助哈希表(散列表)查找目标元素的方法,查找效率最高时的时间复杂度为 $O(1)$。哈希查找算法对有序查找和无序查找都提供了较好的支持,因此适用场景较广泛。在学习哈希查找算法之前,需要先了解哈希表的相关知识。

1)哈希表基础知识

(1)哈希表与哈希函数。

哈希表(Hash Table,又称为散列表)是一种存储结构,通常用来存储多个元素。和其他存储结构(线性表、树等)相比,哈希表查找目标元素的效率非常高。每个存储到哈希表中的元素,都拥有一个唯一的标识(又称"索引"或者"键"),如图 4-2 所示。用户想查找哪个元素,凭借该元素对应的标识就可以直接找到它,无须遍历整个哈希表。

图 4-2 哈希表示意图

如图 4-2 所示的哈希表和其他语言中的数组极为相似,我们知道,在数组中查找一个元素,除非提前知晓它存储位置处的下标,否则只能遍历整个数组。而哈希表有所不同,其中的各个元素并不是从哈希表的起始位置依次存储,它们的存储位置由专门设计的函数计算得出,通常将这样的函数称为哈希函数。

哈希函数的规则是:通过某种转换关系,使关键字适度地分散到指定大小的顺序结构中,越分散,则以后查找的时间复杂度越小,空间复杂度越高。

因此,哈希表由一个直接寻址表和一个哈希函数组成。哈希函数将元素关键字作为自变量,返回元素的存储下标。

例如,将 {20, 30, 50, 70, 80} 存储到哈希表中,我们设计的哈希函数为 $f(k)=k/10$,最终得到如图 4-2 所示的哈希表。

"在 Python 中,Dictionary 数据类型就是哈希表的实现。字典中的键满足以下要求。

(1)字典的键是可哈希的,即由哈希函数生成,哈希函数为每个唯一值生成唯一结果。

(2)字典中的数据元素的顺序不固定。"

(2)哈希冲突。

由于哈希表的大小是有限的,而要存储的值的总数量是无限的,因此对于任何哈希函数,都会出现两个不同的元素映射到同一个位置上的情况,这种情况叫作哈希冲突。

假设将 {5, 20, 30, 50, 55} 存储到哈希表中，哈希函数 $f(k)=k\%10$，各个元素在哈希表中的存储位置如图 4-3 所示。

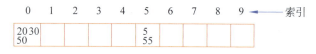

图 4-3　哈希冲突

"因此，使用哈希表的两个关键点是'选择好的哈希函数'和'解决冲突的有效方法'。"

选择好的哈希函数：使一组关键字的哈希地址均匀分布在整个哈希表中，尽量减少哈希冲突发生的概率。

解决冲突的有效方法：哈希冲突可以减少，但不可避免，使用哈希表时需提前制定好冲突发生时的解决策略。

（3）常用的构造哈希函数的方法。

直接地址法（直接寻址法）：

① 公式：$f(key)=a \times key+b$（a,b 都是常数）。

② 适合查找表较小且连续的情况。

③ 优点：简单、均匀，不会产生冲突。

④ 缺点：需要知道关键字的分布，现实中不常用。

数字分析法：

① 方法：抽取关键字中的一部分来计算存储位置。

② 适用于关键词较长的情况。

平方取中法：

① 方法：将关键字先平方，然后截取中间 X 位作为存储位置。

② 适合用于不知道关键词分布且位数不长的情况。

除留余数法：

① 方法：$f(key)=key\ mod\ p$（$p \leq m$），m 是哈希表表长。

② p 取小于或等于 m 的最小质数或者不包含小于 20 质因子的合数，以减少冲突的情况。

折叠法：

① 方法：将关键字拆分成若干部分后累加起来，根据哈希表表长取总和的后若干位作为存储位置。

② 适用于不知道关键字分布且位数较长的情况。

随机数法：

① 方法：$f(key)=random(key)$。

② 注意：random 的随机种子需要是固定的，以便查询时能够根据 key 重新找到存储位置。

③ 适用于关键字长度不等的情况。

"常用的冲突处理方法有如下几种：开放地址法、拉链法（链地址法）、再散列函数法、公共溢出区法。感兴趣的读者可借助网络自行查找学习。"

2）哈希查找算法

（1）算法流程。

步骤 1：用给定的哈希函数构造哈希表。

步骤 2：根据选择的冲突处理方法解决地址冲突。

步骤 3：在哈希表的基础上执行哈希查找。

（2）复杂度分析。

单纯论查找复杂度：对于无冲突的哈希表而言，查找复杂度为 $O(1)$（注意，在查找之前需要构建相应的哈希表）。哈希查找是一种典型的以空间换时间的算法。哈希表是一个在时间和空间上做出权衡的经典例子。如果没有内存限制，可以直接将键作为索引，那么所有的查找时间复杂度均为 $O(1)$。

4.7 教学组织安排

教学环节	教学过程	建议课时
知识导入	以虚拟人物间的对话为引，抛出有关"查找算法"学习必要性的相关话题，在此基础上介绍"查找"的概念和相关操作，在讲解过程中注意指出"查找对象是否有序对查找算法的选择具有很大影响"，为后续不同算法的适用条件讲解作好铺垫	2 课时

续表

教学环节	教学过程	建议课时
顺序查找（原理讲授）	对算法的实现原理进行简要介绍，结合案例对算法的操作过程进行实例讲解	
顺序查找（代码实现）	（1）对顺序查找算法的代码实现进行讲解。 （2）布置课堂练习，对学生进行辅导，使其当堂完成代码编写	
顺序查找（算法复杂度分析）	对顺序查找算法的时间复杂度和空间复杂度分析方法进行讲解	
二分查找（原理讲授）	（1）对算法的实现原理进行简要介绍，需要特别指出，使用二分查找的基本前提是数据已经有序。 （2）对算法的操作步骤进行讲解，指出二分查找中使用了工程学中"分而治之"的思想。 （3）结合案例对算法的操作过程进行实例讲解，帮助学生完成算法思想的内化吸收	2课时
二分查找（代码实现）	（1）对二分查找算法的一般实现和递归实现方法进行讲解。 （2）布置课堂练习，对学生进行辅导，使其当堂完成代码编写	
二分查找（算法复杂度分析）	对二分查找算法的时间复杂度和空间复杂度分析方法进行讲解	
插值查找（原理讲授）	（1）对插值查找算法的实现原理进行简要介绍，指出使用插值查找算法的基本前提是：数据有序且分布均匀。 （2）插值查找算法原理讲解的要点在于：插值查找是对二分查找的一种优化，借助两种算法在中间值确定公式上的差异，点明插值查找中所蕴含的"动态规划"思想。 （3）结合案例对算法的实现原理和操作过程进行实例讲解，引导学生自主完成算法操作步骤的总结、凝练，通过与二分查找算法的对比，让学生体会到插值算法的优势所在	2课时
插值查找（代码实现）	（1）对插值查找算法的代码实现进行讲解。 （2）布置课堂练习，对学生进行辅导，使其当堂完成代码编写	
插值查找（算法复杂度分析）	对插值查找算法的时间复杂度和空间复杂度分析方法进行讲解	
单元总结	对本讲知识进行总结归纳，布置课后作业和拓展阅读内容	

4.8 教学实施参考

1. 讨论式知识导入

（1）以小萌和小帅的对话为例，引出查找算法学习必要性的相关讨论。

（2）对查找的概念、查找对象、返回结果等相关背景知识进行讲解，讲解中注意指出"查找对象是否有序对查找算法的选择具有很大影响"。

2. 知识点一：顺序查找的算法思想

（1）结合示例对顺序查找的算法思想进行讲解，顺序查找的核心思想是"按顺序从头到尾的查询，直到找到目标元素"。

（2）顺序查找对数据存储结构无特殊要求，有序无序皆可。

3. 知识点二：顺序查找的代码实现

对顺序查找的核心关键代码进行讲解，配合练习题帮助学生完成知识内化吸收。

4. 知识点三：顺序查找的算法复杂度计算

（1）顺序查找的平均查找次数为 $(n+1)/2$。

（2）时间复杂度为 $O(n)$。

（3）顺序查找算法不需要使用额外的存储空间，其空间复杂度为 $O(1)$。

5. 知识点四：二分查找的算法思想

（1）结合示例对二分查找的算法思想进行讲解，二分查找的核心思想是"从中间位置开始搜索，利用分治策略，每次将查找区间减半"。

（2）二分查找仅在数据已经有序的情况下使用。

（3）二分查找体现了工程学中"分而治之"的思想。

（4）着重讲解二分查找中中间值 mid 的计算方法和每轮查找过程中左右边界的调整策略。

6. 知识点五：二分查找的操作过程描述

二分查找的算法描述如下。

步骤1：搜索过程从序列的中间元素开始，如果中间元素正是要查找的元素，则搜索过程结束。

步骤2：如果待查找元素大于（或小于）中间元素，则在序列大于（或小于）中间元素的那一半中查找，而且跟开始一样从中间元素开始比较。

步骤3：重复步骤1和2，如果在某一步骤数据序列待比较元素为空，则表示找不到。

7. 知识点六：二分查找的一般实现和递归实现方法

（1）对二分查找的一般实现方法和递归实现方法进行讲解，配合练习题帮助学生完成知识内化吸收。

（2）引导学生归纳总结两种实现方式间的差异。

8. 知识点七：二分查找的算法复杂度计算

（1）二分查找的比较次数与序列规模 n 为对数关系，根据教材对其时间复杂度的计算过程进行简单讲解。

（2）二分查找的时间复杂度为 $O(\log n)$。

（3）二分查找算法不需使用额外的存储空间，其空间复杂度为 $O(1)$。

9. 知识点八：插值查找的算法思想

（1）结合示例对插值查找的算法思想进行讲解，插值查找是对二分查找的优化，其中间值的计算方法体现了工程学中"动态规划"的思想。

（2）插值查找仅在数据已经有序且分布均匀的情况下使用。

（3）着重讲解插值查找中中间值 mid 的计算方法，使学生掌握并熟记中间值计算公式，在此基础上，通过与二分查找进行对比，使学生体会到插值查找算法的精妙之处。

10. 知识点九：插值查找算法的代码实现

对插值查找算法的核心关键代码进行讲解，配合练习题帮助学生完成知识内化吸收。

11. 知识点十：插值查找的算法复杂度计算

（1）插值查找与二分查找的时间复杂度相同，皆为 $O(\log n)$。
（2）插值查找算法不需要使用额外的存储空间，其空间复杂度为 $O(1)$。
（3）对于数据集合较长且关键字分布比较均匀的数据集合来说，插值查找的算法性能比折半查找要好，其他的则不适用。

12. 单元总结

（1）小结本次课内容，布置课后作业。
（2）布置拓展阅读内容：斐波那契查找、树表查找、分块查找、哈希查找。

4.9 拓展练习

编写程序实现如下的功能。
（1）编写函数实现哈希查找算法。
（2）调用函数，在给定列表 alist 中查找关键字"55"，输出查找结果。
说明：

alist = [54, 26, 93, 17, 77, 31, 44, 55, 20]
输出格式：False（未找到）True（找到时）

4.10 问题解答

【问题 4-1】请使用顺序查找的算法在如下列表中查找关键字"47"。
alist = [55,26,83,17,88,34,47,59,22]

```
#alist 为目标列表, target 为待查找元素
def sequentialSearch(alist,target):
    # 遍历列表
    for i in range(len(alist)):
        # 如果找到元素，返回其索引
        if alist[i]==target:
            return i
    # 未找到，返回 -1
    return -1

arr = [55,26,83,17,88,34,47,59,22]
print(sequentialSearch(arr,47))
```

【问题 4-2】请使用二分查找的算法在如下列表中查找关键字"83"。
alist = [17,22,26,34,47,55,59,83,88]

```
#alist 为目标列表（升序排列）, target 为待查找元素
def binarySearch(alist,target):
    # 指定左右边界
    left,right = 0,len(alist)-1
    while left <= right:
        # 计算中间元素下标
        mid = (left+right)//2
        # 如找到，返回元素下标
        if alist[mid] == target:
            return mid
```

```
        # 如果中间值小于目标值，说明目标在右半区，调整左边界为中间值下标+1
        # 如果中间值大于目标值,说明目标在左半区,调整右边界为中间值下标-1
        if alist[mid] < target:
            left = mid+1
        else:
            right = mid-1
    # 未找到，返回-1
    return -1

arr = [17,22,26,34,47,55,59,83,88]
print(binarySearch(arr,83))
```

【问题4-3】 请使用插值查找的算法在如下列表中查找关键字"17"。
alist = [1,3,5,7,9,11,13,15,17,19,21]

```
#alist为目标列表（升序排列），target为待查找元素
def InterpolationSearch(alist, target):
    # 指定左右边界
    left,right = 0, len(alist) - 1
    while left < right:
        # 计算中间值
        mid = left + int((right - left) * (target - alist[left])/(alist[right] - alist[left]))
        # 根据比较结果调整左右边界
        if target < alist[mid]:
            right = mid - 1
        elif target > alist[mid]:
            left = mid + 1
        else:
            return mid
    return -1

arr = [1,3,5,7,9,11,13,15,17,19,21]
print(InterpolationSearch(arr,17))
```

4.11 第 4 单元习题答案

1. A   2. D   3. C   4. D   5. B   6. B   7. C   8. D   9. B
10. 编程题

```python
#alist 为目标列表（升序排列），target 为待查找元素
def binarySearch(alist,target):
    # 指定左右边界
    left,right = 0,len(alist)-1
    while left <= right:
        # 计算中间元素下标
        mid = (left+right)//2
        # 如找到，返回元素下标
        if alist[mid] == target:
            return mid
        # 如果中间值小于目标值，说明目标在右半区，调整左边界为中间值下标 +1
        # 如果中间值大于目标值，说明目标在左半区，调整右边界为中间值下标 -1
        if alist[mid] < target:
            left = mid+1
        else:
            right = mid-1
    # 未找到，返回 -1
    return -1

arr = [11,22,27,40,47,66,79,83,99]
print(binarySearch(arr,79))
```

11. 编程题

```python
#alist 为目标列表（升序排列），target 为待查找元素
def InterpolationSearch(alist, target):
```

```
    # 指定左右边界
    left,right = 0, len(alist) - 1
    while left < right:
        # 计算中间值
        mid = left + int((right - left) * (target - alist[left])/(alist[right] - alist[left]))
        # 根据比较结果调整左右边界
        if target < alist[mid]:
            right = mid - 1
        elif target > alist[mid]:
            left = mid + 1
        else:
            return mid
    return -1

arr = [2,4,6,8,10,12,14,16,18,20,22]
print(InterpolationSearch(arr,16))
```

本单元资源下载可扫描下方二维码。

扩展资源

5.1 知识点定位

青少年编程能力"Python 四级"核心知识点 4：匹配算法。

5.2 能力要求

能够解释并实现暴力匹配（BF）算法、KMP 算法、BM 算法，掌握三种字符串匹配算法的时间复杂度和空间复杂度计算方法。

5.3 建议教学时长

本单元建议 6 课时。

5.4 教学目标

1. 知识目标

本单元主要学习三种常见字符串匹配算法的运行原理和代码实现，帮助学习者理解暴力匹配、KMP、BM 算法的算法思想，掌握各匹配算法的时间复杂度和空间复杂度。

2. 能力目标

学习者能够根据应用场景和数据特征选择合适的算法完成字符串匹配操作。

3. 素养目标

通过对各字符串匹配算法的学习,理解算法中蕴含的工程学思想和求解策略,感受算法在社会生活和工作中发挥的重要作用,通过对算法从感性到理性的认知提升过程,获得对计算机科学的探知欲望。

5.5 知识结构

本单元知识结构如图 5-1 所示。

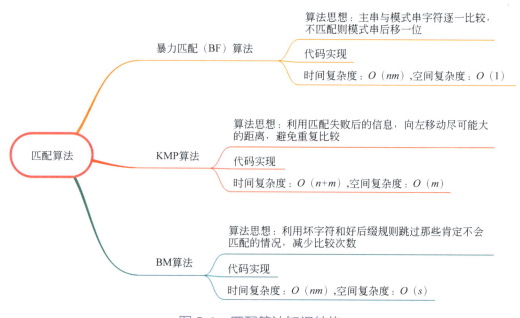

图 5-1 匹配算法知识结构

5.6 补充知识

1. 常见字符串匹配算法

除教材中提及的暴力匹配（BF）算法、KMP 算法、BM 算法外，常见的匹配算法还有 Rabin-Karp（哈希检索）算法、有限自动机算法（Finite Automation）、Simon 算法、Colussi 算法、Galil-Giancarlo 算法、Apostolico-Crochemore 算法、Horspool 算法和 Sunday 算法等。

2. Rabin-Karp（哈希检索）算法

RK 算法的全称为 Rabin-Karp 算法，用两位发明者 Rabin 和 Karp 的名字来命名。RK 算法是在 BF 算法的基础上作了一些改进：通过字符串哈希值比较代替字符串的遍历比较。该算法的核心思想就是通过比较两个字符串的哈希值来判断是否包含对方。RK 算法也可以进行多模式匹配，在论文查重等实际应用中一般都是使用此算法。

算法描述：

步骤 1：首先计算模式串的哈希值。

步骤 2：分别从主串中取与模式串长度相同的多个子串，计算各子串的哈希值。

步骤 3：比较模式串哈希值与子串哈希值两者是否相等，如果哈希值不同，则两者必定不匹配。如果相同，由于哈希冲突存在，也需要按照 BF 算法再次判定。

举例说明：

主串 S 为"ABCDEFG"，模式串 P 为"DEF"，如图 5-2 所示，使用 RK 算法进行匹配的过程如下。

（1）首先计算子串"DEF"哈希值为 Hd，之后从原字符串中依次取长度为 3 的字

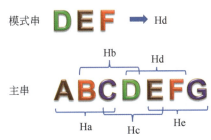

图 5-2　计算模式串和各子串哈希值

符串"ABC""BCD""CDE""DEF"计算哈希值，分别为 Ha、Hb、Hc、Hd。

（2）依次将各子串哈希值与 Hd 进行比较，当哈希值相等时，仍然要比较一次子串"DEF"和原字符串"DEF"是否一致。

算法复杂度：

RK 算法相较 BF 提高了字符串的比较效率，但其算法的时间复杂度仍与 BF 算法相同，时间复杂度为 $O(mn)$（实际应用中往往较快，期望时间为 $O(m+n)$）。这是因为计算每一个连续子串的哈希值也有时间消耗，且跟遍历比较的时间复杂度一样都是 $O(m)$，所有子串的哈希值的计算时间复杂度为 $O(mn)$，因此，RK 算法的整体时间复杂度还是 $O(mn)$，进一步的优化点可以放在哈希值的计算上。

算法补充说明如下：

（1）RK 算法可以通过优化字符串累加方法来提升运行效率，即从第二个子串开始，每个子串的哈希值都可以通过计算上一个哈希值的增量得到。

（2）通过使用优化方法，最终 RK 算法的时间复杂度可以优化为 $O(n)$。

（3）与 BF 算法相比，免去了很多无谓的字符比较，时间复杂度上有很大提高。

（4）RK 算法的缺点在于哈希冲突，每一次哈希冲突时都要进行子串和模式串的逐个比较，如果冲突过多，RK 算法就会退化成 BF 算法。

3. Sunday 算法

Sunday 算法由 Daniel M.Sunday 在 1990 年提出，其思想是从前往后匹配，匹配失败时关注的不是失配位，而是主串中参加匹配的最末位字符的下一位字符。

Sunday 算法的匹配策略可以归结为以下两点。

（1）如果该字符没有在模式串中出现，则在下一轮比较时直接跳过，即：移动位数 = 模式串长度 + 1。

（2）如果该字符在模式串中出现过，则移动位数 = 模式串长度 – 该字符最右出现的位置(以 0 开始) = 模式串中该字符最右出现的位置到尾部的距离 + 1。

举例说明：

主串 S 为"abdeababca"，模式串 P 为"abc"，如图 5-3 所示，使用 Sunday 算法进行匹配的过程如下。

第一轮比较：S[2]!=P[2]，发生失配，那

主串S　abdeababca
模式串P　abc

图 5-3　第一轮比较

么就关注主串中参与匹配的最末位字符的下一位,也就是 S[3],因为 'e' 不存在于模式串 P 中,那么就将模式串移动 4 位(模式串长度 +1)。

第二轮比较:S[6]!=P[2] 发生失配,关注的字符为 S[7]('b'),它存在于模式串 P 中,移动模式串使得 S[7] 与该字符在模式串中最右的位置匹配上,即移动 2 位,如图 5-4 所示。

第三轮比较:匹配成功,如图 5-5 所示。

主串S abdeababca   主串S abdeababca
模式串P   abc   模式串P   abc

图 5-4 第二轮比较   图 5-5 第三轮比较

算法复杂度:

Sunday 算法最优情况的时间复杂度为 $O(n/m)$,最差情况的时间复杂度为 $O(mn)$。假设主串是"aaabaaabaaabaaab",模式串是"aaaa"。使用 Sunday 算法进行匹配时,在大部分情况下,关注字符都是在模式串中存在的(模式串只有 'a' 一个字符),换言之,在大部分情况下模式串都只能移动 1 位,时间复杂度变为 $O(mn)$。在实际使用中,Sunday 算法比 BM 算法略优。

5.7 教学组织安排

教 学 环 节	教学过程	建议课时
知识导入	以虚拟人物间的对话为引,抛出有关"字符串匹配算法"的相关话题,引导学生自主思考字符串匹配实现方法,激发学习兴趣,为后续知识点引入作铺垫	2 课时
暴力匹配(BF)(原理讲授)	对算法的实现原理进行简要介绍,结合案例对算法的操作过程进行实例讲解	
暴力匹配(BF)(代码实现)	(1)对暴力匹配算法的代码实现进行讲解。 (2)布置课堂练习,对学生进行辅导,使其当堂完成代码编写	
暴力匹配(BF)(算法复杂度分析)	对暴力匹配算法的时间复杂度和空间复杂度分析方法进行讲解	

续表

教学环节	教学过程	建议课时
KMP 算法 （原理讲授）	（1）对算法的实现原理进行简要介绍，讲解的要点如下。 ① 最长公共前后缀的确定方法。 ② Next 表的计算方法。 （2）结合案例对算法的操作过程进行实例讲解，帮助学生完成算法思想的内化吸收	2 课时
KMP 算法 （代码实现）	（1）对 KMP 算法的实现方法进行讲解。 （2）布置课堂练习，对学生进行辅导，使其当堂完成代码编写	
KMP 算法 （算法复杂度分析）	对 KMP 算法的时间复杂度和空间复杂度分析方法进行讲解	
BM 算法 （原理讲授）	（1）对 BM 算法的实现原理进行简要介绍，BM 算法原理讲解的要点在于：与 KMP 算法相比，BM 算法借助"好后缀规则"和"坏字符规则"能够更高效地移动模式串。 （2）结合案例对算法的实现原理和操作过程进行实例讲解，引导学生自主完成算法操作步骤的总结、凝练，让学生体会到 BM 算法的优势所在	2 课时
BM 算法 （代码实现）	（1）对 BM 算法的代码实现进行讲解。 （2）布置课堂练习，对学生进行辅导，使其当堂完成代码编写	
BM 算法 （算法复杂度分析）	对 BM 算法的时间复杂度和空间复杂度分析方法进行讲解	
单元总结	对本讲知识进行总结归纳，布置课后作业和拓展阅读内容	

5.8 教学实施参考

1. 讨论式知识导入

以老师与小萌、小帅的对话为引，引导学生自主思考字符串匹配的实现方法，暴力匹配法最符合人类的思维习惯，根据学生回答自然过渡到暴力匹配算法的讲解。

知识点一：暴力匹配的算法思想

（1）结合示例对暴力匹配的算法思想进行讲解，其核心思想是"主串与模式串字符逐一比较，不匹配则模式串后移一位，开始新一轮的比较"。

（2）暴力匹配算法原理简单粗暴，但因其与人类思维习惯一般无二，所以具有易于理解和实现的优点。

知识点二：暴力匹配的代码实现

对暴力匹配算法的核心关键代码进行讲解，配合练习题帮助学生完成知识内化吸收。

知识点三：暴力匹配的算法复杂度计算

（1）假设主串长度为 n，模式串长度为 m，主串中的每个字符都可能与模式串中的字符进行一一比较，所以其时间复杂度为 $O(nm)$。

（2）当 n 和 m 值较小时，算法效率尚可，但当 m 和 n 值较大时，算法效率下降明显。

（3）暴力匹配算法的空间复杂度为 $O(1)$。

知识点四：KMP 的算法思想

（1）KMP 算法的核心思想是"利用匹配失败后的信息，向右移动尽可能大的距离，避免重复比较"。

（2）KMP 算法能在发生不匹配时打破后移一位的限制，利用最长公共前后缀计算得到 Next 表，根据 Next 表动态确定模式串后移的距离，移动到下一个最可能发生匹配的位置，从而大大提升算法的匹配效率。

知识点五：KMP 算法最长公共前后缀的计算方法

（1）对前缀、后缀、公共前后缀的概念进行讲解，结合示例，对不同字符组合情况下公共前后缀计算过程进行演示，帮助学生理解。

（2）注意强调：在出现多个公共前后缀时，选择最长的那一对。

7. 知识点六：KMP 中 Next 表的计算方法

（1）Next 表的计算与主串无关，仅根据"不匹配字符自身"和"最长公共前后缀"就可以单方面完成计算。

（2）在匹配算法运行前，就可以完成 Next 表的计算，该阶段又称为预处理阶段。

（3）为了便于学生理解，讲解应从"发生不匹配时的移动方案"入手，举例说明如何得到每个字符失配时的移动方案，最终得出规律：如果最长公共前后缀的长度为 n，那么移动方案就是" $n+1$ 号位与主串当前位比较"。

（4）在此基础上，利用每个字符的移动方案平滑引出 Next 表的计算方法。

（5）对 Next 表的作用进行着重强调，即 Next 表指明了当特定字符发生不匹配时，模式串要移动到的位置。

8. 知识点七：KMP 的代码实现

对 KMP 算法的核心关键代码进行讲解，讲解主要分为两部分：Next 数组的构建和 KMP 字符串匹配主函数。因代码相对比较复杂，可要求学生参照教材案例完成练习题，在模仿的过程中逐渐完成知识的内化吸收。

9. 知识点八：KMP 的算法复杂度计算

（1）设主串长度为 n，模式串长度为 m。预处理阶段的时间复杂度为 $O(m)$，空间复杂度为 $O(m)$；匹配过程中主串不回溯，比较次数可记为 n，因此 KMP 算法的总时间复杂度为 $O(m+n)$，空间复杂度记为 $O(m)$。

（2）相较暴力匹配算法，KMP 算法通过一点点的空间消耗换得了极高的时间提速，这是空间换时间思想的集中体现。

10. 知识点九：BM 的算法思想

（1）BM 算法的核心思想是"利用坏字符和好后缀规则跳过那些肯定不会匹配的情况，减少比较次数"。

（2）BM 算法在移动模式串的时候是从左到右，而进行比较的时候是从右到左，即从模式串的尾部开始匹配。

（3）实现跨越式移动的关键在于"坏字符"和"好后缀"规则，两个规则都会对模式串的移动距离造成影响，BM 算法向右移动模式串的距离就是取坏字符和好后缀算法得到的最大值。

11. 知识点十：BM 算法的"坏字符规则"

（1）通过举例对坏字符规则的两种应用场景进行讲解。
（2）帮助学生总结出坏字符规则下的模式串移动距离计算公式。

12. 知识点十一：BM 算法的"好后缀规则"

（1）通过举例对好后缀规则的三种应用场景进行讲解。
（2）帮助学生总结出好后缀规则下的模式串移动距离计算公式。

13. 知识点十二：BM 算法的代码实现

对 BM 算法的核心关键代码进行讲解，讲解主要分为三部分：好后缀表的构建、坏字符表的构建和 BM 字符串匹配主函数。因代码相对比较复杂，可要求学生参照教材案例完成练习题，在模仿的过程中逐渐完成知识的内化吸收。

14. 知识点十三：BM 的算法复杂度计算

（1）设主串长度为 n，模式串长度为 m。其预处理阶段的时间复杂度为 $O(m+s)$，空间复杂度为 $O(s)$，s 是与模式串和子串相关的有限字符集长度。

（2）搜索阶段，在最好的情况下，总的比较次数为 $(n-m)/m$，此时的时间复杂度为 $O(n/m)$；在最坏的情况下，比较次数为 $(n-m)/2(m-2)$，也就是 $O(mn)$，因此，BM 算法的时间复杂度是 $O(mn)$。

（3）从表面上看 KMP 算法拥有 $O(m+n)$ 的时间复杂度，BM 的时间复杂度为 $O(mn)$，但多篇学术文献的研究结果表明，在实际运行效率上反而是 BM 算法更高，这是由于 BM 算法在实际运行过程中经常能达到算法的平均效率，甚至最好情况下达到 $O(n/m)$ 的时间复杂度。

15. 单元总结

（1）小结本次课内容，布置课后作业。
（2）布置拓展阅读内容：Rabin-Karp（哈希检索）算法、Sunday 算法、Finite Automation（有限自动机）算法、Simon 算法。

5.9 拓展练习

编写程序实现如下的功能。
（1）编写函数实现 Sunday 匹配算法。
（2）调用函数，在给定主串 S 中匹配模式串 P。如匹配成功，返回模式串在主串中第一次出现的位置；如匹配失败，返回 -1。

说明：

```
S="abcxabcdabcdabcy"
P="abcdabcy"
```

5.10 问题解答

【问题 5-1】 使用 BF 算法实现如下字符串匹配程序：给定一个主串 "abcokabkoh" 和一个模式串 "abk"，找出模式串在主串中第一次出现的位置，若不存在则返回 -1。

```
#text 为主串,pattern 为模式串
def bf(text,pattern):
    i , j = 0 , 0
    while i < len(text) and j < len(pattern):
```

```python
        # 如果字符匹配，则继续比较后续字符
        if(text[i] == pattern[j]):
            i += 1
            j += 1
        # 如果不匹配，模式串索引回溯到起始位置，
        # 主串回溯位置到比较开始时的下一个字符
        else:
            i = i - j + 1
            j = 0
    # 如果模式串的所有字符都匹配成功，返回第一个匹配字符的位置
    if(j >= len(pattern)):
        return i - len(pattern)
    # 匹配失败，返回-1
    else:
        return -1
print(bf("abcokabkoh", "abk"))
```

【问题 5-2】 使用 KMP 算法实现如下字符串匹配程序：给定一个主串"abcokabkoh"和一个模式串"abk"，找出模式串在主串中第一次出现的位置，若不存在则返回 –1。

```python
'''
    构造临时 next 数组
'''
def getNext(pattern):
    next_list = [0 for i in range(len(pattern))]
    # 初始化下标，j 指向模式串
    #t 记录位置，便于 next 数组赋值
    j = 1
    t = 0
    while j < len(pattern):
        # 第一次比较：t 等于 0，直接进行赋值，初始化 1 号位移动方案，每次
        # 长度自增 1
        # 后续比较：判断字符是否相等，Python 数组下标从 0 开始，因此均减 1
        if t == 0 or pattern[j - 1] == pattern[t - 1]:
```

```python
                # 长度 +1
                next_list[j] = t + 1
                j += 1
                t += 1
            else:
                # 字符不相等, t 回溯
                t = next_list[t - 1]
    return next_list

'''
    KMP 字符串匹配的主函数
    若匹配成功,返回模式串在主串中开始位置的下标
    若匹配不成功,返回 -1
'''
def KMP(text, pattern):
    next = getNext(pattern)
    # 主串计数
    i = 0
    # 模式串计数
    j = 0
    while (i < len(text) and j < len(pattern)):
        if (text[i] == pattern[j]):
            i += 1
            j += 1
        elif j != 0:
            # 调用 next 数组
            j = next[j - 1]
        else:
            # 不匹配主串指针后移
            i += 1
    if j == len(pattern):
        return i - len(pattern)
    else:
        return -1

if __name__ == "__main__":
```

```
        text = 'abcokabkoh'
        pattern = 'abk'
        out = KMP(text,pattern)
print(out)
```

【问题 5-3】 使用 BM 算法实现如下字符串匹配程序：给定一个主串"abcokabkoh"和一个模式串"abk"，找出模式串在主串中第一次出现的位置，若不存在则返回 –1。

```
    def getbadChar(pattern):
        #预生成坏字符表
        badChar = dict()
        for i in range(len(pattern) - 1):
            char = pattern[i]
            #记录坏字符最右位置（不包括模式串最右侧字符）
            badChar[char] = i + 1
        return badChar


    def getgoodSuf(pattern):
        #预生成好后缀表
        goodSuf = dict()
        #无后缀仅根据坏字移位符规则
        goodSuf[''] = 0
        for i in range(len(pattern)):
            #好后缀
            GS = pattern[len(pattern) - i - 1:]
            for j in range(len(pattern) - i - 1):
                #匹配部分
                NGS = pattern[j:j + i + 1]
                #记录模式串中好后缀最靠右位置（除结尾处）
                if GS == NGS:
                    goodSuf[GS] = len(pattern) - j - i - 1
        return goodSuf


    def BM(string, pattern):
        """ Boyer-Moore 算法实现字符串查找 """
        m = len(pattern)
```

```python
        n = len(string)
        i = 0
        j = m
        indies = []
        badChar = getbadChar(pattern=pattern)    #坏字符表
        goodSuf = getgoodSuf(pattern=pattern)    # 好后缀表
        while i < n:
            while (j > 0):
                if i + j -1 >= n: #当无法继续向下搜索时就返回值
                    return indies
                #主串判断匹配部分
                a = string[i + j - 1:i + m]
                #模式串判断匹配部分
                b = pattern[j - 1:]
                #当前位匹配成功则继续匹配
                if a == b:
                    j = j - 1
                #当前位匹配失败根据规则移位
                else:
                    i = i + max(goodSuf.setdefault(b[1:], m), j - badChar.setdefault(string[i + j - 1], 0))
                    j = m
                #匹配成功返回匹配位置
                if j == 0:
                    indies.append(i)
                    i += 1
                    j = len(pattern)

if __name__ == "__main__":
    text = 'abcokabkoh'
    pattern = 'abk'
    out = BM(text,pattern)
print(out)
```

5.11 第5单元习题答案

1. B 2. B 3. A 4. B 5. B 6. D 7. D 8. A 9. A
10. 编程题

```python
#text 为主串,pattern 为模式串
def bf(text,pattern):
    i , j = 0 , 0
    while i < len(text) and j < len(pattern):
        # 如果字符匹配,则继续比较后续字符
        if(text[i] ==  pattern[j]):
            i += 1
            j += 1
        # 如果不匹配,模式串索引回溯到起始位置,
        # 主串回溯位置到比较开始时的下一个字符
        else:
            i = i - j + 1
            j = 0
    # 如果模式串的所有字符都匹配成功,返回第一个匹配字符的位置
    if(j >= len(pattern)):
        return i - len(pattern)
    # 匹配失败,返回 -1
    else:
        return -1
print(bf("abcxabcdabcdabcy", "abcdabcy"))
```

本单元资源下载可扫描下方二维码。

扩展资源

6.1 知识点定位

青少年编程能力"Python 四级"核心知识点 5：蒙特卡罗算法。

6.2 能力要求

能够解释并利用蒙特卡罗算法求解问题。

6.3 建议教学时长

本单元建议 3 课时。

6.4 教学目标

1. 知识目标

本单元主要学习蒙特卡罗算法的基本思想和其在工程问题求解中的实际应用。

2. 能力目标

学习者能够根据应用场景使用蒙特卡罗方法完成问题求解。

3. 素养目标

通过对蒙特卡罗算法的学习,帮助学习者理解通过大量随机样本和统计实验方法求解问题的基本思路和做法。通过与纯数学方法的对比,学习者将感受到基于计算机的概率统计方法在社会生活中发挥的重要作用。

6.5 知识结构

本单元知识结构如图6-1所示。

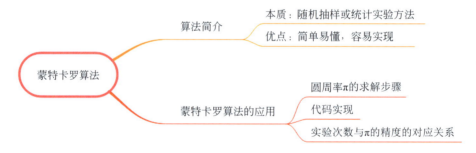

图6-1 蒙特卡罗算法知识结构

6.6 补充知识

1. 蒙特卡罗方法概述

蒙特卡罗方法(Monte Carlo method)又称统计模拟法、随机抽样技术,是一种随机模拟方法,是以概率和统计理论方法为基础的一种计算方法,是使用随机数(或更常见的伪随机数)来解决很多计算问题的方法。蒙特卡罗方法将所求解的问题同一定的概率模型相联系,用电子计算机实现统计模拟或抽样,以获得问题的近似解。

可通过以下例子理解蒙特卡罗方法的思想。

应用举例1:

在广场上画一个边长1m的正方形,在正方形内部随意用粉笔画一个不规则的图形,使用蒙特卡罗方法计算这个不规则图形的面积。做法为:均匀地向该正方形内撒N(N是一个很大的自然数)个黄豆,随后统计有多少个黄豆在这个不规则几何形状内部,假设有M个,那么,该不规则图形与正方形的面积之比便近似于M/N,N越大,计算出来的值越精确。在这里假定豆子都在一个平面上,相互之间没有重叠。

应用举例2:

一个有10 000个整数的集合,求其中位数,可以从中抽取$m < 10\ 000$个数,把它们的中位数近似地看作这个集合的中位数。随着m增大,近似结果是最终结果的概率也在增大,但除非把整个集合全部遍历一遍,否则无法知道近似结果是否是真实结果。

应用举例3:

给定数N,判断其是不是素数,可以任选M个小于N的数,检查其中是否有能整除N的数,如果没有则判断为素数。当然,此时的近似结果往往误差很大,但随着M增大,近似结果是最终结果的概率也在增大。

2. 蒙特卡罗方法的创造者

有关蒙特卡罗方法的创造者,主要有两种说法,一说是三人,一说是四人,说法不一,无法考证。

说法1:1946年,蒙特卡罗方法由美国拉斯阿莫斯国家实验室(Los Alamos National Lab)的三位科学家John von Neumann(约翰·冯·诺依曼)、Stan Ulam(乌拉姆)和Nick Metropolis(美特普利斯)共同发明。

说法2:蒙特卡罗方法的创始人主要是四位美国人:Stan Ulam(斯坦·乌拉姆,波兰裔数学家)、Enrico Fermi(恩里科·费米,意大利裔物理学家)、John von Neumann(约翰·冯·诺依曼,计算机结构奠基人)和Nick Metropolis(尼克·美特普利斯,希腊裔数学家),如图6-2所示。现代的统计模拟方法最早由数学家乌拉姆提出,不过据说费米之前就已在实验中使用了该方法，但没有发表。因此，意大利裔物理学家恩里科·费米也被列入发明者行列。

冯·诺依曼　　　乌拉姆　　　费米　　　美特普利斯

图 6-2　蒙特卡罗算法创造者

3. 蒙特卡罗方法名字的由来

蒙特卡罗（Monte Carlo）是世界著名的"赌城"，位于欧洲地中海之滨、法国的东南方，属于一个版图很小的国家——摩纳哥公国（世人称之为"赌博之国""袖珍之国""邮票小国"），如图 6-3 所示。蒙特卡罗是摩纳哥的标志，世界三大赌城之一。

图 6-3　蒙特卡罗风光

蒙特卡罗方法诞生于 20 世纪 40 年代，源自第二次世界大战中美国研制原子弹的"曼哈顿计划"。为象征性地表明这一方法的概率统计特征，该计划的主持人之一、现代计算机之父"博弈论之父"冯·诺依曼用驰名世界的赌城——摩纳哥的 Monte Carlo 来命名这种方法，为它蒙上了一层神秘色彩。

4. 蒙特卡罗方法的起源

蒙特卡罗方法的基本思想很早以前就被人们所发现和利用。在发明蒙特卡罗方法之前，类似的算法就已经存在。早在 17 世纪，人们就知道用事件发生的"频率"来决定事件的"概率"。蒙特卡罗方法的源头，可以追溯到 18 世纪，布丰当年用于计算 π 的著名的投针实验就是蒙特卡罗模拟实验。1777 年，法国数学家布丰（Georges-Louis Leclere de Buffon，1707—1788）提出用投针实验的方法求圆周率 π，共投针 2212 次，与直线相交的有 704 次，2212÷704≈3.142 045，得数是圆周率 π 的近似值，后来他把实验写进他的论文《或然性算术尝试》，这被认为是蒙特卡罗方法的起源。

5. 蒙特卡罗方法的发展运用

从理论上来说，蒙特卡罗方法需要大量的实验。实验次数越多，所得到的结果就越精确。以布丰 (Buffon) 的投针实验为例，历史上的记录如表 6-1 所示。

表 6-1　历史上的投针实验记录

实 验 者	年　份	投 针 次 数	相 交 次 数	π 近似值
Wolf	1850	5000	2532	3.1596
Smith	1855	3204	1218	3.1554
Fox	1884	1030	489	3.1595
Lazzerini	1901	3408	1808	3.141 592 92

从表中数据可以看到，一直到公元 20 世纪初期，尽管实验次数数以千计，利用蒙特卡罗方法所得到的圆周率 π 值，还是达不到公元 5 世纪祖冲之的推算精度。这可能是传统蒙特卡罗方法长期得不到推广的主要原因。

计算机技术的发展，使得蒙特卡罗方法在最近十年得到快速普及。现代的蒙特卡罗方法，已经不必亲自动手做实验，而是借助计算机的高速运转能力，使得原本费时费力的实验过程，变成了快速和轻而易举的事情。

因此，随着电子计算机的发展和科学技术问题的日趋复杂，蒙特卡罗方法的应用也越来越广泛。它不仅较好地解决了多重积分计算、微分方程求解、积分方程求解、特征值计算和非线性方程组求解等高难度和复杂的数学计算问题，而且在统计物理、核物理、真空技术、系统科学、信息科学、公用事业、地质、医学、计算机科学等领域都得到了成功的应用。

6.7　教学组织安排

教 学 环 节	教 学 过 程	建议课时
知识导入	以虚拟人物间的对话为引，利用"概率求解问题"这一话题风趣地引出蒙特卡罗算法，吸引学生注意，激发其学习兴趣	2课时
蒙特卡罗算法简介	（1）对蒙特卡罗算法进行介绍，以抛硬币为例，指出"利用大量样本随机抽样，通过概率统计求解问题"的可行性。 （2）对使用蒙特卡罗方法求解问题的基本步骤进行介绍	
使用蒙特卡罗求解圆周率（原理讲解）	（1）对圆周率近似计算的研究历史进行介绍。 （2）对使用蒙特卡罗方法求解圆周率的算法原理和一般步骤进行讲解，通过与纯数学方法的对比，体现蒙特卡罗简单易懂、易于实现的特性	1课时
使用蒙特卡罗求解圆周率（代码实现）	（1）对求解圆周率的实现代码进行讲解。 （2）布置课堂练习，对学生进行辅导，使其当堂完成代码编写	
使用蒙特卡罗求解圆周率（运行结果分析）	调整代码中的随机点数，观察不同点数下圆周率 π 的精度变化，了解蒙特卡罗算法的特点，即问题解的精确度与随机样本数量成正比	
单元总结	对本讲知识进行总结归纳，布置课后作业和拓展阅读内容	

6.8　教学实施参考

1. 讨论式知识导入

以小萌和小帅的对话为例，利用"概率求解问题"这一话题风趣地引出蒙特卡罗算法，吸引学生注意力。

知识点一：蒙特卡罗方法的基本思想

（1）蒙特卡罗（Monte Carlo）方法，又称随机抽样或统计实验方法。当所要求解的问题是某种事件出现的概率，或者是某个随机变量的期望值时，它们可以通过某种"实验"的方法，得到这种事件出现的频率，或者这个随机变数的平均值，并用它们作为问题的解。

（2）"大量随机抽样"和"逐渐逼近精确值"是该算法的标志性特性。

简单地说，蒙特卡罗方法是一种计算方法。原理是通过大量随机样本了解一个系统，进而得到所要计算的值。

 知识点二：蒙特卡罗求解圆周率 π 的一般步骤

蒙特卡罗算法求解圆周率的大致过程如下。
步骤1：随机向单位正方形和圆结构抛洒大量"飞镖"点。
步骤2：计算每个点到圆心的距离，从而判断该点在圆内或者圆外。
步骤3：用圆内的点数除以总点数就是 π/4 值。

随机点数量越大，越充分覆盖整个图形，计算得到的 π 值越精确。实际上，这个方法的思想是利用离散点值表示图形的面积，通过面积比例来求解 π 值。

 知识点三：蒙特卡罗求解圆周率 π 的代码实现

本部分的代码实现较为容易，可以引导学生根据求解步骤自行完成代码编写，待其完成后，由教师进行核心关键语句的讲解。此后配合练习题，帮助学生完成知识内化吸收。

 知识点四：蒙特卡罗算法的特点

使用蒙特卡罗方法求解问题时，所得到解的精确度与随机样本数量成正比。实验次数越多，样本空间越大，得到精确解或最优解的概率越大。在此基础上，对蒙特卡罗算法的优缺点进行总结介绍。

6. 单元总结

（1）小结本次课内容，布置课后作业。

（2）布置拓展阅读内容：蒙特卡罗方法在各领域中的应用。

6.9 拓展练习

编写代码，使用蒙特卡罗方法求定积分 $\int_{1}^{2} x^{3} dx$ 的值，函数图像如图 6-4 所示。

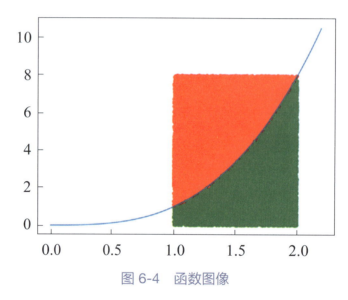

图 6-4 函数图像

6.10 问题解答

【问题 6-1】 自行实现蒙特卡罗算法求解圆周率 π 的代码，调整点数，记录不同点数下的圆周率精度，观察所得结果是否与标准值一致。

```
from random import random
from math import sqrt
from time import *
```

```
dots = 10000000
hits = 0.0
t0=perf_counter()
for i in range(1, dots+1):
    x, y = random(), random()
    dist = sqrt(x ** 2 + y ** 2)
    if dist <= 1.0:
        hits = hits + 1
pi = 4 * (hits/dots)
print("Pi 值是 {}".format(pi))
t1=perf_counter()
print(" 运行时间是：{:.5f}s".format(t1-t0))
```

6.11 第 6 单元习题答案

1. B   2. A   3. A   4. A

本单元资源下载可扫描下方二维码。

扩展资源

第 7 单元　分形算法

7.1　知识点定位

青少年编程能力"Python 四级"核心知识点 6：（基本）分形算法。

7.2　能力要求

了解分形几何的基本概念，掌握 Koch 曲线、分形树、牛顿迭代的递归实现方法，在此基础上完成相关算法的分形图绘制。

7.3　建议教学时长

本单元建议 7 课时。

7.4　教学目标

1. 知识目标

本单元主要学习三种常见分形算法及其可视化实现方法。希望通过本单元学习，学习者能够了解分形几何的递归特性，掌握 Koch 曲线、分形树、牛顿迭代曲线的递归算法实现，结合 turtle 库的应用，获得上述算法的可视化实现。

2. 能力目标

学习者能够利用递归算法，通过 Python 编程实现典型的分形结构绘制。

3. 素养目标

通过对分形几何的学习，学习者获得"世界是非线性的，分形无处不在"的认知，感悟科学与艺术的融合，数学与艺术审美的统一。

7.5 知识结构

本单元知识结构如图 7-1 所示。

图 7-1 分形算法知识结构

7.6 补充知识

1. 分形几何学

分形几何学是一门以不规则几何形态为研究对象的几何学。相对于传统几何学的研究对象为整数维数,如零维的点、一维的线、二维的面、三维的立体乃至四维的时空,分形理论将维数从整数扩大到分数,突破了一般拓扑集维数为整数的界限,因此,分形几何学的研究对象为非负实数维数,如 0.63, 1.58, 2.72, log2/log3 (参见康托尔集)。因为分形几何学的研究对象普遍存在于自然界中,所以分形几何学又被称为"大自然的几何学"。

一个数学意义上分形的生成是基于一个不断迭代的方程式,即一种基于递归的反馈系统。分形有几种类型,可以分别依据表现出的精确自相似性、半自相似性和统计自相似性来定义。虽然分形是一个数学构造,它们同样可以在自然界中被找到,这使得它们被划入艺术作品的范畴。分形在医学、土力学、地震学和技术分析中都有应用。

2. 分形之父——本华·曼德博

本华·曼德博(Benoit B. Mandelbrot, 1924—2010,如图 7-2 所示),是分形几何的创立者。1924 年他生于波兰华沙,1936 年随全家移居法国巴黎,在那里经历了动荡的第二次世界大战时期;1948 年在加州理工学院获得航空硕士学位;1952 年在巴黎大学获得数学博士学位。他曾经是普林斯顿大学、巴黎大学等的访问教授,哈佛大学的"数学实践讲座"的教授,IBM 公司的研究成员和会员,耶鲁大学数理科学斯特林教席教授兼荣誉教授。

图 7-2 本华·曼德博

曼德博的研究范围广泛,包括数学、物理到金融数学的众多领域,但他最大的成就是创立了分形几何学。他创造了"分形"这个名词,并且描述了曼德博集合。他也致力于向大众介绍自己的理论,通过面向普通公众的著作和演讲,他的研究成果广为人知。

3. 分形几何学的基本思想

分形几何学的基本思想是：客观事物具有自相似的层次结构，局部与整体在形态、功能、信息、时间、空间等方面具有统计意义上的相似性，称为自相似性。例如，一块磁铁中的每一部分都像整体一样具有南北两极，不断分割下去，每一部分都具有和整体磁铁相同的磁场。这种自相似的层次结构，适当地放大或缩小几何尺寸，整个结构不变。

4. 分形几何学的应用领域

分形几何学已在自然界与物理学中得到了应用。例如在显微镜下观察落入溶液中的一粒花粉，会看见它不间断地做无规则运动（布朗运动），这是花粉在大量液体分子的无规则碰撞（每秒钟多达十亿亿次）下表现的平均行为。布朗粒子的轨迹，由各种尺寸的折线连成。只要有足够的分辨率，就可以发现原以为是直线段的部分，其实由大量更小尺度的折线连成。这是一种处处连续，但又处处无导数的曲线。这种布朗粒子轨迹的分维是 2，大大高于它的拓扑维数 1。

在某些电化学反应中，电极附近沉积的固态物质，以不规则的树枝形状向外增长。受到污染的一些流水中，粘在藻类植物上的颗粒和胶状物，不断因新的沉积而生长，成为带有许多须毛的枝条状，就可以用分维。

自然界中更大的尺度上也存在分形对象。一枝粗干可以分出不规则的枝权，每个枝权继续分为细权……至少有十几次分支的层次，可以用分形几何学去测量。

近几年，在流体力学不稳定性、光学双稳定器件、化学振荡反应等实验中，都实际测得了混沌吸引子，并从实验数据中计算出它们的分维。学会从实验数据测算分维是最近的一大进展。分形几何学在物理学、生物学上的应用也正在成为有充实内容的研究领域。

5. 分形几何学的研究价值与意义

20 世纪 80 年代初开始的"分形热"经久不息。分形作为一种新的概念和方法，正在许多领域开展应用探索。美国物理学大师约翰·惠勒说过：今后谁不熟悉分形，谁就不能被称为科学上的文化人。由此可见分形的重要性。中国著名学者周海中教授认为：分形几何不仅展示了数学之美，也揭示了世界的本质，还改变了人们理解自然奥秘的方式。可以说，分形几何是真正描述大自然的几何学，对它的研究也极大地拓展了人类的认知疆域。

分形几何学作为当今世界十分风靡和活跃的新理论、新学科，它的出现，使人们重新审视这个世界：世界是非线性的，分形无处不在。分形几何学不仅让人们感悟到科学与艺术的融合，数学与艺术审美的统一，而且还有其深刻的科学方法论意义。

7.7 教学组织安排

教学环节	教学过程	建议课时
知识导入	以虚拟人物间的对话为引，引出"分形几何"的相关话题，激发学习兴趣，为后续知识点引入做铺垫	
大自然中的分形几何	（1）对分形几何的概念进行介绍。 （2）依次展示自然中（如植物、动物、地理、人体组织等）存在的分形图形几何和自相似结构。 （3）引导学生发现生活中其他的分形几何案例	1 课时
Koch 曲线的递归算法	（1）讲解使用 Koch 曲线绘制雪花的一般原理。 （2）使用 Koch 曲线的递归算法完成雪花分形结构的绘制，对代码实现过程和关键语句进行讲解。 （3）布置课堂练习，对学生进行辅导，使其当堂完成代码编写	2 课时
分形树的递归算法	（1）结合图片素材对分形二叉树的结构进行分析讲解。 （2）使用递归算法完成分形树结构的绘制，对代码实现过程和关键语句进行讲解。 （3）布置课堂练习，对学生进行辅导，使其当堂完成代码编写	2 课时
牛顿迭代算法	（1）对牛顿迭代算法及其求解方法的基本原理进行简要介绍。 （2）以方程 $x^3-1=0$ 的求解为例，把所有收敛到同一个根的起始点画上同一种颜色，讲解牛顿分形图的形成过程。 （3）使用代码实现牛顿迭代算法，完成方程 $x^3-1=0$ 的牛顿分形图的绘制，对代码实现过程和关键语句进行讲解。 （4）布置课堂练习，对学生进行辅导，使其当堂完成代码编写	2 课时
单元总结	对本讲知识进行总结归纳，布置课后作业和拓展阅读内容	

7.8 教学实施参考

1. 讨论式知识导入

以虚拟人物的对话为引，引出"分形几何"的相关话题，吸引学生注意力，激发学生学习兴趣，为后续知识点引入做铺垫。

2. 知识点一：分形几何与自相似性

从世界的复杂性入手，阐明传统意义上的几何学在描写大自然的造物时的局限性，指出分形几何提供了一种描述这种不规则复杂现象中的秩序和结构的新方法。通俗来讲，分形几何就是研究无限复杂但具有一定意义下的自相似图形和结构的几何学。

3. 知识点二：Koch 曲线的递归实现方法

（1）通过图片展示，逐步演示从 0 阶 Koch 曲线到 n 阶段 Koch 曲线的变化过程，引导学生自行归纳总结绘制 n 阶 Koch 曲线的一般原理。

（2）对 n 阶 Koch 曲线的绘制方法进行讲解，即使用正整数 n 代表 Koch 曲线的阶数，表示生成 Koch 曲线过程的操作次数。Koch 曲线初始化阶数为 0，表示一个长度为 L 的直线。对于直线 L，将其等分为 3 段，中间一段用边长为 L/3 的等边三角形的两个边替代，得到 1 阶 Koch 曲线，它包含 4 条线段。进一步对每条线段重复同样的操作，得到 2 阶 Koch 曲线。重复操作 N 次，可以得到 N 阶 Koch 曲线。

4. 知识点三：使用 Koch 曲线绘制雪花的方法

雪花本质上就是由一个每条边为 n 阶 Koch 曲线的三角形构成。在讲解雪花画法时，建议从三角形入手，将每条边从 0 阶 Koch 曲线逐步变化为 n 阶

Koch 曲线，帮助学生理解推演。

知识点四：分形树的结构分析

展示二叉树图片素材，通过将二叉树进行结构分解，揭示其自身所有的自相似性，这种自相似性与程序设计中递归的思想不谋而合。

知识点五：分形树的递归实现方法

对代码的核心关键语句进行讲解。此后配合练习题，帮助学生完成知识内化吸收。

知识点六：牛顿迭代求解方程的基本原理

对牛顿法解方程的基本原理进行介绍。此处可根据教学对象的学业背景采取不同的讲述方案。如果学生尚未接触过相关数学知识，教师可在保证教学过程和内容连贯性的前提下简单描述其求解原理。

知识点七：牛顿分形图的绘制原理

n 次方程在复数域上有 n 个根，那么用牛顿法收敛的根就可能有 n 个目标。牛顿法收敛到哪个根取决于迭代的起始值。根据最后的收敛结果，将所有收敛到同一个根的起始点画上同一种颜色，最终就形成了牛顿分形图。

知识点八：牛顿分形图绘制的代码实现

该部分实现代码相对复杂，教师可按照"牛顿法函数""取色板函数""绘制函数""主函数"的顺序逐一递进讲授。此后配合练习题，指导学生模仿示例完成代码编写，通过调整输入参数，完成练习题目。

单元总结

（1）小结本次课内容，布置课后作业。

（2）布置拓展阅读内容：大自然的分形几何学。

在教材第 7 单元讲解了使用 Koch 曲线绘制雪花的方法，在绘制雪花代码的基础上，可以自己随意改变参数，从而得到不同形状的图形。例如，把三边改为四边，将绘制三角形改为四边形迭代，请尝试修改代码，实现如图 7-3 所示的图形。

提示：整体为三角形，突起为四边形的二阶图形。

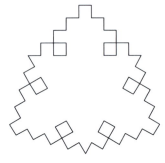

图 7-3　目标图形

【问题 7-1】　请在示例代码的基础上调整树干长度、分支数量、颜色等参数，DIY 一棵自己喜欢的分形树吧。

（引导学生根据示例代码进行改写，无标准答案，此处给出三叉树的一种绘制方案。）

```python
import turtle
def tree(branch_len):
    # 树干太短不画，即递归结束条件
    if branch_len > 5:
        # 画树干
        t.forward(branch_len)
        # 右倾斜 20°
        t.right(20)
        # 递归调用，画右边的小树，树干减 15
```

```
            tree(branch_len - 15)
            # 向左回 20°，即垂直向上
            t.left(20)
            # 递归调用，画左边的小树，树干减 15
            tree(branch_len - 15)
            # 向左回 20°，即左倾斜 20°
            t.left(20)
            # 递归调用，画左边的小树，树干减 15
            tree(branch_len - 15)
            # 向右回 20°，即回正
            t.right(20)
            # 海龟退回原位置
            t.backward(branch_len)

t = turtle.Turtle()
t.speed(0)
t.left(90)
t.penup()
t.backward(100)
t.pendown()
t.pencolor('red')
t.pensize(2)
# 画树干长度为 75 的三叉树
tree(75)
t.hideturtle()
turtle.done()
```

【问题 7-2】 请在上述代码的基础上修改参数，输出 $x^6-1=0$ 时的牛顿迭代分形图。

```
import numpy as np
from PIL import Image


def color(ind, level):
```

```python
    """ 每种颜色用 RGB 值表示: (R, G, B),
    level 是灰度，收敛所用的迭代次数 """
    colors = [(180, 0, 30), (0, 180, 30), (0, 30, 180),
              (0, 190, 180), (180, 0, 175), (180, 255, 0),
              (155, 170, 180), (70, 50, 0),
              (150, 60, 0), (0, 150, 60), (0, 60, 150),
              (60, 150, 0), (60, 0, 150), (150, 0, 60),
              (130, 80, 0), (80, 130, 0), (130, 0, 80),
              (80, 0, 130), (0, 130, 80), (0, 80, 130),
              (110, 100, 0), (100, 110, 0), (0, 110, 100),
              (0, 100, 100), (110, 0, 100), (100, 0, 110),
              (255, 255, 255)]
    if ind < len(colors):
        c = colors[ind]
    else:
        c = (ind % 4 * 4, ind % 8 * 8, ind % 16 * 16)
    if max(c) < 210:
        c0 = c[0] + level
        c1 = c[1] + level
        c2 = c[2] + level
        return (c0, c1, c2)
    else:
        return c


def draw(f, df, size, name, x_min=-2.0, x_max=2.0, y_min=-2.0, y_max=2.0, eps=1e-6,
         max_iter=40):
    '''
    f 是一个函数，我们需要求解方程 f(x) = 0
    df 是 f 的导数
    size 是图片大小，单位是 px
    name 是保存图像的名字
    x_min, x_max, y_min, y_max 定义了迭代初始值的取值范围
```

eps 是判断迭代停止的条件
'''
```python
def newton_method(c):
    "c is a complex number"
    for i in range(max_iter):
        c2 = c - f(c) / df(c)
        if abs(f(c)) > 1e10:
            return None, None
        if abs(c2 - c) < eps:
            return c2, i
        c = c2
    return None, None


roots = []                                          # 记录所有根
img = Image.new("RGB", (size, size))   # 把绘画结果保存为图片
for x in range(size):
    print("%d in %d" % (x, size))
    for y in range(size):# 嵌套循环，遍历定义域中每个点，求收敛的根
        z_x = x * (x_max - x_min) / (size - 1) + x_min
        z_y = y * (y_max - y_min) / (size - 1) + y_min

        root, n_converge = newton_method(complex(z_x, z_y))
        if root:
            cached_root = False
            for r in roots:
                if abs(r - root) < 1e-4: # 判断是不是已遇到过此根
                    root = r
                    cached_root = True
                    break
            if not cached_root:
                roots.append(root)

        if root:
```

```
                        img.putpixel((x, y), color(roots.index(root),
n_converge))                      # 上色
        print(roots)               # 打印所有根
        img.save(name, "PNG")   # 保存图片


    def f(x):
        return x ** 6 - 1
    def df(x):
        return 6* x**5
    draw(f, df, 1000, "x^6-1.png")
```

7.11　第 7 单元习题答案

1. D　2. A　3. D　4. B　5. A

本单元资源下载可扫描下方二维码。

扩展资源

8.1 知识点定位

青少年编程能力"Python 四级"核心知识点 7：（基本）聚类算法。

8.2 能力要求

掌握并熟练使用聚类算法编写简单程序，具备利用基本函数进行问题表达的能力。

8.3 建议教学时长

本单元建议 8 课时。

8.4 教学目标

1. 知识目标

本单元以掌握聚类算法为主，通过使用聚类算法来实现鸢尾花种类分类的案例，使学习者理解聚类算法的特点、作用以及功能，深入理解三种聚类算法的原理。

2. 能力目标

通过对聚类算法的学习，能够使用聚类算法解决问题，锻炼学生对算法的认知，培养编程思维能力。

3. 素养目标

引入鸢尾花种类分类案例的相关内容，能够切实让学习者体会到学以致用的乐趣，培养学习者使用编程求解生活中问题的思维习惯与模式。

8.5 知识结构

本单元知识结构如图 8-1 所示。

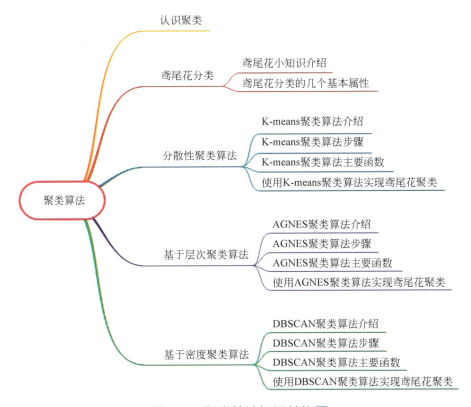

图 8-1 聚类算法知识结构图

8.6 补充知识

邻域是指集合上的一种基础拓扑结构。邻域是一个特殊的区间,以点 a 为中心点的任何开区间称为点 a 的邻域,记作 $U(a)$。设 δ 是一个正数,则开区间($a-\delta$,$a+\delta$)称为点 a 的 δ 邻域,点 a 称为这个邻域的中心,δ 称为这个邻域的半径,如图 8-2 所示。

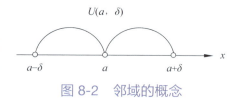

图 8-2 邻域的概念

邻域公理:

给定集合 X,映射 $U: X \to P(P(X))$(其中,$P(P(X))$ 是 X 的幂集的幂集),U 将 X 中的点 x 映射到 X 的子集族 $U(x)$),称 $U(x)$ 是 X 的邻域系以及 $U(x)$ 中的元素(即 X 的子集)为点 x 的邻域。

当且仅当 U 满足以下的邻域公理。

U_1:若集合 $A \in U(x)$,则 $x \in A$。U_2:若集合 $A, B \in U(x)$,则 $A \cap B \in U(x)$。U_3:若集合 $A \in U(x)$,且 $A \subseteq B \subseteq X$,则 $B \in U(x)$。U_4:若集合 $A \in U(x)$,则存在集合 $B \in U(x)$,使 $B \subseteq A$,且 $\forall y \in B$,$B \in U(y)$。

8.7 教学组织安排

教学环节	教学过程	建议课时
知识导入	讨论聚类的生活小常识,体会聚类应用的广泛性	2 课时
鸢尾花分类	科普鸢尾花及其分类依据的常识;通过不同的应用场景,体会鸢尾花的分类原理	
函数语法学习	讲解语法格式,通过提问、动手操作等互动,在掌握语法知识同时掌握语法的规范使用	
数据的选取与处理	采用代码演示操作教学,针对性分析不同数据的选取与处理	2 课时
K-means 聚类算法	学习常用参数,掌握 K-means 聚类算法并实现鸢尾花聚类	

续表

教 学 环 节	教 学 过 程	建议课时
AGNES 聚类算法	学习常用参数，掌握 AGNES 聚类算法并实现鸢尾花聚类	2 课时
DBSCAN 聚类算法	学习常用参数，掌握 DBSCAN 聚类算法并实现鸢尾花聚类	2 课时
分析聚类结果	直观显示不同聚类作用的结果	
算法应用	通过解决生活中衍生出的问题，加深对聚类算法的理解	
单元总结	提问式总结本次课所学内容，布置课后作业	

8.8　教学实施参考

1. 举例式知识导入

以鸢尾花分类（如图 8-3 所示）为例，让学生感受到编程在处理生活中实际问题时的巨大作用。

图 8-3　鸢尾花

2. 简要概述聚类算法的主要内容

对本教材中提到的三种聚类方式：K-means 聚类算法、层次聚类算法、密度聚类算法进行简述，然后分别介绍这三种算法的具体应用。

3. 知识点一：聚类

（1）通过体育课老师的排队方式让学生理解聚类的含义。
（2）鼓励学生列举生活中有关聚类的案例。
（3）介绍聚类的定义以及相关的特点。
（4）拓展聚类的相关知识。

4. 知识点二：K-means 聚类算法

（1）引入鸢尾花分类的实例，介绍鸢尾花分类的原理，不同种类鸢尾花在花萼长度、花萼宽度、花瓣长度、花瓣宽度四个属性上有所区别。
（2）介绍 K-means 聚类算法的概念。
（3）介绍 K-means 聚类算法的步骤，其流程图如图 8-4 所示。

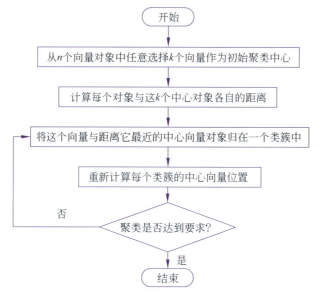

图 8-4　K-means 聚类算法流程图

（4）对 K-means 聚类算法的相关参数进行介绍。
（5）带领学生导入鸢尾花分类所需要的库。
（6）指导学生根据书中代码使用 K-means 聚类算法实现鸢尾花聚类。

5. 知识点三：AGNES 聚类算法

（1）介绍 AGNES 聚类算法的概念。

（2）介绍 AGNES 聚类算法的步骤。

（3）对 AGNES 聚类算法的相关参数进行介绍。

（4）指导学生根据书中代码使用 AGNES 聚类算法实现鸢尾花聚类。

6. 知识点四：DBSCAN 聚类算法

（1）介绍 DBSCAN 聚类算法的概念。

（2）对 eps 邻域、核心对象、直接密度可达、密度可达、密度相连的概念进行介绍。

（3）通过画图让学生深入具体了解密度可达、密度直达、密度相连的相关概念，如图 8-5 所示。

（4）对 DBSCAN 聚类算法的实现代码方法进行讲解。

（5）指导学生根据书中代码使用 DBSCAN 聚类算法实现鸢尾花聚类。

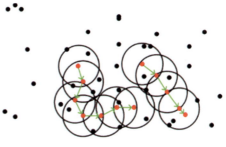

图 8-5　密度聚类算法概念图

7. 单元总结

小结本次课的内容，布置课后作业。

（1）max_iter 最大迭代次数是越大越好吗？如果迭代次数过多，会有什么影响？

（2）linkage 的可选参数有哪些？这些参数的含义是什么？

（3）在 DBSCAN 算法中，如果数据集密度不均匀，聚类间距差相差很大时结果会怎样？

（4）下载广告投放数据文件（ad_performance.txt，主要数据项如图 8-6 所示），编程对其进行聚类分析，得出聚类结果（参考图 8-7），在此基础上，分析各广告投放数据项对于广告投放效果的影响。

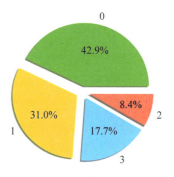

图 8-6　广告投放数据　　　　　　　图 8-7　聚类运行结果

【问题 8-1】　使用 K-means 算法具有容易实现聚类、各聚类簇本身紧凑、分类较为明显等特点。需要注意的是，在使用 K-means 算法之前需要事先指定类簇，而且对初值敏感，对于不同的初始值，可能会导致不同的结果；对于较为复杂的数据，K-means 算法分类的效果不是很明显。

【问题 8-2】~【问题 8-4】　开放性练习，可让学生直接修改程序中相关代码，运行程序并对结果进行分析。

8.11　第 8 单元习题答案

1．B　2．D　3．A　4．B　5．A　6．D　7．D

本单元资源下载可扫描下方二维码。

扩展资源

9.1　知识点定位

青少年编程能力"Python 四级"核心知识点 8：（基本）预测算法。

9.2　能力要求

掌握并熟练使用预测算法编写简单程序，具备利用基本函数进行问题表达的能力。

9.3　建议教学时长

本单元建议 6 课时。

9.4　教学目标

1. 知识目标

本单元以掌握预测算法为主，通过预测算法在生活中的实际应用案例，使学习者理解预测算法的特点、作用以及功能，深入理解三种预测算法的原理。

2. 能力目标

通过对预测算法的学习，学习者能够使用预测算法解决问题，提升其对算法的认知，培养其编程思维能力。

3. 素养目标

通过预测算法的强大功能培养学习者的学习兴趣，激发学习者对机器学习的探索欲和求知欲。

9.5 知识结构

本单元知识结构如图 9-1 所示。

图 9-1 预测算法知识结构图

9.6 补充知识

令 $\beta(k)=(X'X+kI)^{-1}X'Y$，其中，$k$ 称为岭参数；I 为与 $X'X$ 同阶的单位矩阵；$(X'X+kI)^{-1}$ 为 $(X'X+kI)$ 的逆矩阵。如果 $k=0$，$\beta(k)$ 为最小二乘估计，随着 k 增大，$\beta(k)$ 中各元素 β_x 的绝对值均趋于不断减小，它们对 β_x 的偏差也将越来越大；如果 $k\rightarrow\infty$，则 $\beta(k)\rightarrow 0$。$\beta(k)$ 随 k 的改变而变化的轨迹，就称为岭迹。

通过正常数矩阵 kI 的引入，$X'X+kI$ 接近奇异的程度就会比 $X'X$ 接近奇异的程度小得多。

由于假设 X 已经标准化，此时的 $\beta(k)=(X'X+kI)^{-1}X'Y$，实际上就是标准化岭回归估计，上式中 Y 可以经过标准化，也可以不经过标准化。

9.7 教学组织安排

教学环节	教学过程	建议课时
知识导入	讨论预测的生活小常识，体会预测应用的广泛性	3 课时
线性回归基础	对线性回归的概念和数学模型进行讲解。通过曲线拟合的实例介绍，让学生理解回归算法在预测算法中的作用	
普通线性回归预测算法	对普通线性回归预测算法的基本原理和实现方法进行讲解	
岭回归预测算法	对岭回归预测算法的基本原理和实现方法进行讲解	2 课时
Lasso 回归预测算法	对 Lasso 回归预测算法的基本原理和实现方法进行讲解	1 课时
单元总结	提问式总结本次课所学内容，布置课后作业	

9.8 教学实施参考

1. 举例式知识导入

以曲线拟合为例，让学生感受到编程在处理生活中实际问题时的巨大作用，从而理解预测算法的原理。

2. 简要概述预测算法的主要内容

对教材中提到的三种预测方式：普通线性回归预测算法、岭回归预测算法、Lasso 回归预测算法进行简述，然后再分别介绍这三种算法的具体应用。

3. 知识点一：预测

（1）通过列举实际案例让学生理解预测的含义。
（2）鼓励学生列举生活中预测的相关案例。
（3）介绍预测的定义以及相关的特点。
（4）拓展预测的相关知识。

4. 知识点二：普通线性回归预测算法

（1）介绍普通线性回归预测算法的概念，如图 9-2 所示。

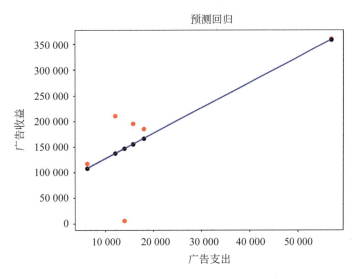

图 9-2　普通线性回归预测算法概念图

（2）介绍普通线性回归预测算法的步骤。
（3）对普通线性回归预测算法的代码实现方法进行讲解。
（4）引导学生根据书中代码使用普通线性回归预测算法实现对波士顿房价的预测。

5. 知识点三：岭回归预测算法

（1）介绍岭回归预测算法的概念。
（2）介绍岭回归预测算法的步骤。
（3）对岭回归预测算法的代码实现方法进行讲解。
（4）引导学生根据书中代码使用岭回归预测算法实现对波士顿房价的预测。

6. 知识点四：Lasso 回归预测算法

（1）介绍 Lasso 回归预测算法的概念。
（2）介绍 Lasso 回归预测算法的一些主要函数。
（3）引导学生根据书中代码使用 Lasso 回归预测算法实现对波士顿房价的预测。

7. 单元总结

小结本次课的内容，布置课后作业。

9.9 拓展训练

（1）岭回归和 Lasso 回归最大的区别是正则项的不同，请说明有哪些不同？

（2）葡萄酒的年份和品质是有关系的，一瓶葡萄酒的年份代表着酿酒所用葡萄的收获年份。从人类刚刚开始用瓶子装葡萄酒时起，年份就被贴在了酒瓶上。酒评家、收藏家和酿造商们从这一信息中就能获知葡萄酒的优劣。这是因为葡萄跟其他作物一样，风调雨顺的一年能让葡萄生长得更好。如果这一年里白天高温晚上凉爽，葡萄的品质就会非常好；相反，如果这一年天气多雨且潮湿，葡萄产量就不会很高，收获季节来临时，葡萄也不够成熟美味，这样就很难酿造出高品质的葡萄酒。

下载实验数据（linear.csv），根据葡萄酒品质和年份的关系，利用预测算法预测未来几年的葡萄酒的品质。参考运行结果如图 9-3 所示。

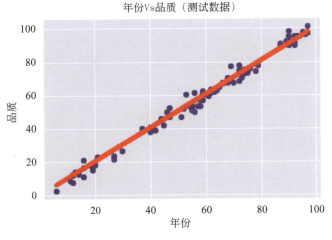

图 9-3 预测运行结果

9.10 问题解答

【问题 9-1】 Lasso 回归是基于 L1 的特征选择方式,有多种求解方法,更加具有鲁棒性,而岭回归是基于 L2 的方式,只有一种求解方式,鲁棒性稍差,而且不是基于特征的选择方式。通俗地来说就是,岭回归无法剔除变量,而 Lasso 回归模型将惩罚项由 L2 范数变为 L1 范数,可以将一些不重要的回归系数缩减为 0,达到剔除变量的目的。

【问题 9-2】 可以使用单变量和多变量两种方法进行编程,单变量是直接用散点图表示各变量之间的关系,然后进行训练和测试直接得出结果;多变量是在各变量之间的关系表示后,建立标准化对象进行训练,预估预测结果,算出均方误差以及性能得分。

```
import pandas as pd                          # 导入pandas
import matplotlib.pyplot as plt
import numpy as np
import matplotlib.ticker as ticker
from pylab import mpl
from sklearn.model_selection import train_test_split
from sklearn.linear_model import LinearRegression
```

```python
cars = pd.read_csv('auto-mpg.data', names=["燃油效率","气缸",
"排量","马力","重量","加速度","型号年份","编号","原产地"],
                   delim_whitespace=True)
# 删除 horsepower 值为 '?' 的行
cars = cars[cars.马力 != '?']
# 设置中文显示
mpl.rcParams['font.sans-serif'] = ['SimHei']
# 用散点图分别展示气缸、排量、重量、加速度与燃油效率的关系
fig = plt.figure(figsize=(13, 10))
ax1 = fig.add_subplot(321)
ax2 = fig.add_subplot(322)
ax3 = fig.add_subplot(323)
ax4 = fig.add_subplot(324)
ax5 = fig.add_subplot(325)
ax1.scatter(cars['气缸'], cars['燃油效率'], alpha=0.5)
ax1.set_title('气缸')
ax2.scatter(cars['排量'], cars['燃油效率'], alpha=0.5)
ax2.set_title('排量')
ax3.scatter(cars['重量'], cars['燃油效率'], alpha=0.5)
ax3.set_title('重量')
ax4.scatter(cars['加速度'], cars['燃油效率'], alpha=0.5)
ax4.set_title('加速度')
# 用散点图分别展示气缸、排量、重量、加速度与燃油效率的关系
ax5.scatter([float(x) for x in cars['马力'].tolist()], cars['燃油效率'], alpha=0.5)
ax5.set_title('马力')
plt.show()

Y = np.array(cars['燃油效率'])
X = np.array(cars['重量'])
X = X.reshape(len(X), 1)
Y = Y.reshape(len(Y), 1)
```

```
    X_train, X_test, Y_train, Y_text = train_test_split (X, Y, test_size =0.2,
random_state = 0)
    LR = LinearRegression()
    LR = LR.fit(X_train, Y_train)

    plt.scatter(X_train, Y_train, color='red', alpha=0.3)
    plt.scatter(X_train, LR.predict(X_train), color='green',
alpha=0.3)
    plt.xlabel("重量")
    plt.ylabel("燃油效率")
    plt.title("这是训练数据")
    plt.show()

    plt.scatter(X_test, Y_test, color='blue', alpha=0.3)
    plt.scatter(X_train, LR.predict(X_train), color='green',
alpha=0.3)
    plt.xlabel("重量")
    plt.ylabel("燃油效率")
    plt.title("这是测试集数据")
    plt.show()

    score = LR.score(cars[['重量']], cars['燃油效率'])
    print("预测得分", score)
```

9.11 第9单元习题答案

1. B　2. C　3. A　4. C　5. D　6. C

本单元资源下载可扫描下方二维码。

扩展资源

第 10 单元　调度算法

青少年编程能力"Python 四级"核心知识点 9：（基本）调度算法。

掌握并熟练使用调度算法编写简单程序，具备利用基本函数进行问题表达的能力。

本单元建议 6 课时。

本单元介绍在操作系统资源有限的情况下进行进程调度的相关策略和方法，帮助学习者掌握先来先服务、短作业优先、优先级调度等资源分配原则及分配算法。

2. 能力目标

通过对调度算法的学习，学习者能够使用调度算法解决问题，提升其对算法的认知，培养其编程思维能力。

3. 素养目标

掌握调度算法背后蕴含的资源分配策略，在面对同类问题时可以触类旁通，学以致用。

10.5 知识结构

本单元知识结构如图 10-1 所示。

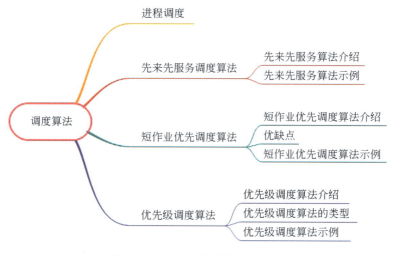

图 10-1 调度算法知识结构

10.6 补充知识

有关调度处理的一个关键问题是何时进行调度决策，其中存在着需要调度处理的各种情形，可能的情况有：

（1）在由一个进程创建一个新进程之后，需要决定是运行父进程还是运行子进程。假如这两种进程都处于就绪状态,调度程序可以合法选择先运行的进程。

（2）在一个进程退出时必须做出调度决策。当一个进程不再运行时(因为它不再存在),必须从就绪进程集中选择另外一个进程。如果没有就绪的进程,通常会运行一个系统提供的空闲进程。

（3）当一个进程阻塞在 I/O 和信号量上,或由于其他原因阻塞时,必须选择另一个进程运行。有时阻塞的原因会成为选择的因素。例如,如果 A 是一个重要的进程,正在等待 B 退出临界区,让 B 随后运行将会使得 B 退出临界区,从而可以让 A 运行。不过,通常调度程序并不拥有做出这种操作的必要信息。

（4）在一个 I/O 中断发生时,必须做出调度决策。如果中断来自 I/O 设备,而该设备已经完成了工作,某些被阻塞且正在等待该 I/O 的进程就成为可运行的就绪进程。是否让新就绪的进程运行,这取决于调度程序的决定,可以让中断发生时运行的进程继续运行,也可以让某个其他进程运行。

如果硬件时钟提供 50Hz、60Hz 或其他频率的周期性中断,可以在每个时钟中断或者在每 k 个时钟中断时做出调度决策。根据如何处理时钟中断,可以把调度算法分为以下两类。

（1）非抢占式调度算法。非抢占式调度算法挑选一个进程,然后让该进程运行直至被阻塞(阻塞在 I/O 上或等待另一个进程),或者直到该进程自动释放 CPU。即使该进程运行了若干小时,它也不会被强迫挂起。这样做的结果是,在时钟中断发生时不会进行调度。在处理完时钟中断后,如果没有更高优先级的进程等待到时,则被中断的进程会继续执行。

（2）抢占式调度算法。抢占式调度算法则是挑选一个进程,并且让该进程运行某个固定时段的最大值。如果在该时段结束时,该进程仍在运行,它就被挂起,调度程序挑选另一个进程运行(如果存在一个就绪进程)。进行抢占式调度处理,需要在时间间隔的末端发生时钟中断,以便把 CPU 控制返回给调度程序。如果没有可用的时钟,那么非抢式调度就是唯一的选择。

10.7　教学组织安排

教　学　环　节	教　学　过　程	建议课时
知识导入	讨论调度的生活小常识,体会调度应用的广泛性	2 课时
进程调度	对进程调度的基本概念及调度过程中的评价指标进行介绍	

续表

教学环节	教学过程	建议课时
先来先服务调度算法	对先来先服务调度算法的基本原理和实现方法进行讲解	2课时
短作业优先调度算法	对短作业优先调度算法的基本原理和实现方法进行讲解	
优先级调度算法	对优先级调度算法的基本原理和实现方法进行讲解	2课时
单元总结	提问式总结本次课所学内容，布置课后作业	

10.8　教学实施参考

1. 简要概述调度算法的主要内容

对教材中提到的三种调度方式：先来先服务调度算法、短作业优先调度算法、优先级调度算法进行简述，然后再分别介绍这三种算法的具体应用。

2. 知识点一：调度

（1）通过举例让学生理解调度的含义。
（2）鼓励学生列举生活中有关调度的案例。
（3）对进程调度的概念及调度过程中的评价指标进行介绍。

3. 知识点二：先来先服务调度算法

（1）介绍先来先服务调度算法的概念。
（2）介绍先来先服务调度算法的步骤。
（3）对先来先服务调度算法的核心关键代码进行讲解。
（4）指导学生根据书中代码使用先来先服务调度算法实现具体调度。

4. 知识点三：短作业优先调度算法

（1）介绍短作业优先调度算法的概念。

（2）介绍短作业优先调度算法的步骤。
（3）对短作业优先调度算法的核心关键代码进行讲解。
（4）指导学生根据书中代码使用短作业优先调度算法实现具体的调度。

5. 知识点四：优先级调度算法

（1）介绍优先级调度算法的概念。
（2）介绍优先级调度算法的一些主要函数。
（3）指导学生根据书中代码使用优先级调度算法实现调度。

6. 单元总结

小结本次课的内容，布置课后作业。

10.9 拓展训练

（1）如果采用的是动态优先级，什么时候应该调整？
（2）请谈一下你对操作系统中各种作业调度算法优缺点的理解。
（3）利用代码实现进程调度。

10.10 问题解答

【问题10-1】 该算法对长作业不利，短作业优先调度算法中长作业的周转时间会增加。更严重的是，如果有一长作业进入系统的后备队列，由于调度程序总是优先调度那些（即使是后进来的）短作业，将导致长作业长期不被调度（"饥饿"现象，注意区分"死锁"。后者是系统环形等待，前者是调度策略问题）。该算法完全未考虑作业的紧迫程度，因而不能保证紧迫性作业会被及

时处理。由于作业的长短只是根据用户所提供的估计执行时间而定的，而用户又可能会有意或无意地缩短其作业的估计运行时间，致使该算法不一定能真正做到短作业优先调度。

【问题10-2】

```python
import random

class PCB:
    def __init__(self, pid, priority, arr_time, all_time, cpu_time, start_block, block_time, state):    # 初始化进程
        self.pid = pid
        self.priority = priority
        self.arr_time = arr_time
        self.all_time = all_time
        self.cpu_time = cpu_time
        self.start_block = start_block
        self.block_time = block_time
        self.state = state

    def output(self):                                      # 优先级调度输出
        print("进程" + str(self.pid), "优先级:" + str(self.priority), "到达时间:" + str(self.arr_time),
              "还需运行时间:" + str(self.all_time), "已运行时间:" + str(self.cpu_time),
              "开始阻塞时间:" + str(self.start_block), "阻塞时间:" + str(self.block_time), "状态:" + self.state)

    def Output(self):                                      # 先到先服务或短作业优先输出
        print("进程" + str(self.pid), "正在执行，到达时间:" + str(self.arr_time),
              "还需运行时间:" + str(self.all_time), "已运行时间:" + str(self.cpu_time))

    def toBlock(self):                                     # 将状态置为Block
```

```python
            self.state = "Block"

    def toRun(self):              # 将状态置为 Run
        self.state = "Run"

    def toFinish(self):           # 将状态置为 Finish
        self.state = "Finish"

    def toReady(self):            # 将状态置为 Ready
        self.state = "Ready"

    def running(self):            # 进程运行时状态变化
        self.all_time -= 1
        self.cpu_time += 1

    def toBlocking(self):         # 进程将要开始阻塞的状态变化
        if self.start_block > 0:
            self.start_block -= 1

    def blocking(self):           # 进程阻塞时的状态变化
        if self.block_time > 0:
            self.block_time -= 1
        self.priority += 1


def init(num):    # 初始化进程,生成四个进程并按到达时间将它们放入列表 list1
    list1 = []
    for i in range(num):
        list1.append(PCB(str(i), random.randint(1, 10), random.randint(10, 15),
                         random.randint(1, 10), 0, random.randint(5, 10), random.randint(1, 10), "Ready"))
    for i in range(len(list1) - 1):
```

```python
            for j in range(i + 1, len(list1)):
                if list1[i].arr_time > list1[j].arr_time:
                    list1[i], list1[j] = list1[j], list1[i]
        return list1


    def record_pcb(num):
        pcb_list = []
        for i in range(num):
            #进程号    进程优先级     进程进入内存时间   进程需要运行时间
            a = int(input("请输入%d号进程的优先级:" % i))
            b = int(input("请输入%d号进程进入内存时间:" % i))
            c = int(input("请输入%d号进程需要运行的时间:" % i))
            d = 0
            e = int(input("请输入%d号start_block_time" % i))
            f = int(input("请输入%d号进程block_time" % i))
            g = "ready"
            pcb_list.append(PCB(str(i), a, b, c, d, e, f, g))
        for i in range(len(pcb_list) - 1):
            for j in range(i + 1, len(pcb_list)):
                if pcb_list[i].arr_time > pcb_list[j].arr_time:
                    pcb_list[i], pcb_list[j] = pcb_list[j], pcb_list[i]
        return pcb_list


    def fcfs(list1):    #先来先服务
        time = 0
        while 1:
            print("time:", time)
            if time >= list1[0].arr_time:
                list1[0].running( )
                list1[0].Output( )
                if list1[0].all_time == 0:
```

```python
                    print(" 进程 " + list1[0].pid + " 执行完毕，周转时
间: " + str(time - list1[0].arr_time + 1) + "\n")
                    list1.remove(list1[0])
            time += 1
            if not list1:
                break


    def sjf(list1):        # 抢占式短作业优先
        list2 = []         # 就绪队列
        time = 0
        while 1:
            len_list2 = len(list2)
            print("time:", time)
            if list1:
                i = 0
                while 1:
    # 将进程放入就绪队列，就绪队列的第一个进程是正在执行的进程
                    if time == list1[i].arr_time:
                        list2.append(list1[i])
                        list1.remove(list1[i])
                        pid = list2[0].pid
    # 获取就绪队列第一个进程的进程 ID
                        i -= 1
                    i += 1
                    if i >= len(list1):
                        break
            if len(list2) >= 2 and len(list2) != len_list2:
    # 判断就绪队列中最短的作业
                len_list2 = len(list2)
                for i in range(len(list2) - 1):
                    for j in range(i + 1, len(list2)):
                        if list2[i].all_time > list2[j].all_time:
```

```
                                    list2[i], list2[j] = list2[j],
list2[i]
            if list2:    # 执行过程
                if pid != list2[0].pid:
                # 如果正在执行的进程改变，则发生抢占
                    print("发生抢占,进程" + list2[0].pid + "开始执行")
                    pid = list2[0].pid
                list2[0].running()
                list2[0].Output()
                if list2[0].all_time == 0:
                    print("进程" + list2[0].pid + "执行完毕,周转时
间:" + str(time - list2[0].arr_time + 1) + "\n")
                    list2.remove(list2[0])
                    if list2:
                        pid = list2[0].pid
            time += 1
            if not list2 and not list1:
                break


    def hrrn(list1):           # 动态最高优先数优先
        list2 = []             # 就绪队列
        list3 = []             # 阻塞队列
        time = 0
        while 1:
            print("time:", time)
            if list1:
                i = 0
                while 1:       # 将进程放入就绪队列
                    if time == list1[i].arr_time:
                        list2.append(list1[i])
                        list1.remove(list1[i])
                        pid = list2[0].pid
```

```
                    i -= 1
                i += 1
                if i >= len(list1):
                    break
        for i in range(len(list2) - 1):
# 将就绪队列的进程按优先级大小排列
            for j in range(i + 1, len(list2)):
                if list2[i].priority < list2[j].priority:
                    list2[i].toReady()    # 将状态置为 Ready
                    list2[i], list2[j] = list2[j], list2[i]
# 交换位置
        if list2:                                       # 执行过程
            if pid != list2[0].pid:
                print("发生抢占,进程" + list2[0].pid + "开始执行")
                pid = list2[0].pid
            if list2[0].start_block > 0 or list2[0].block_time <= 0:
                list2[0].toRun()
                list2[0].running()
                list2[0].toBlocking()
            for i in range(1, len(list2)):
                list2[i].priority += 1
                list2[i].toBlocking()
        if list3:                                       # 阻塞队列
            for i in list3:
                i.blocking()

        for i in list2:
            i.output()
        for i in list3:
            i.output()

        if list2:       # 当进程开始阻塞时间为 0,将进程放入阻塞队列
```

```python
            i = 0
            while 1:
                if list2:
                        if list2[i].start_block == 0 and list2[i].block_time != 0:
                            print("进程" + list2[i].pid + "开始阻塞，进入阻塞队列")
                            list2[i].toBlock()
                            list3.append(list2[i])
                            list2.remove(list2[i])
                            i -= 1
                i += 1
                if i >= len(list2):
                    break

            if list3:    # 当进程阻塞时间为0，将进程放入就绪队列
                i = 0
                while 1:
                    if list3[i].block_time == 0:
                        print("进程" + list3[i].pid + "阻塞结束，进入就绪队列")
                        list3[i].toReady()
                        list2.append(list3[i])
                        list3.remove(list3[i])
                        pid = list2[0].pid
                        i -= 1
                    i += 1
                    if i >= len(list3):
                        break

            if list2:    # 进程执行完毕则移出就绪队列
                if list2[0].all_time <= 0:
                    list2[0].toFinish()
```

```python
                    print("进程" + list2[0].pid + "执行完毕,周转时间:"\
 +str(time - list2[0].arr_time + 1), "状态:" + list2[0].state + "\n")
                    list2.remove(list2[0])
                    if list2:
                        pid = list2[0].pid

        time += 1
        if not (list1 or list2 or list3):
            break


def Random(num):
    n = input("请选择算法(1、先来先服务  2、抢占式短作业优先\
 3、动态最高优先数优先):")
    if n == "1":
        list1 = init(num)
        for i in list1:
            i.Output()
        fcfs(list1)
    elif n == "2":
        list1 = init(num)
        for i in list1:
            i.Output()
        sjf(list1)
    elif n == "3":
        list1 = init(num)
        for i in list1:
            i.output()
        hrrn(list1)
    else:
```

```python
        print("输入错误，请重新输入！")


def record(num):
    n = input("请选择算法（1、先来先服务   2、抢占式短作业优先  \
3、动态最高优先数优先）:")
    if n == "1":
        list1 = record_pcb(num)
        for i in list1:
            i.Output()
        fcfs(list1)
    elif n == "2":
        list1 = record_pcb(num)
        for i in list1:
            i.Output()
        sjf(list1)
    elif n == "3":
        list1 = record_pcb(num)
        for i in list1:
            i.output()
        hrrn(list1)
    else:
        print("输入错误，请重新输入！")


if __name__ == "__main__":
    while 1:
        pcb_num = int(input("请输入进程个数（输入0退出）:"))
        if pcb_num == 0:
            break
        op_type = int(input("请选择：1、随机生成   2、手工录入 \n"))
        if op_type == 1:
            Random(pcb_num)
        elif op_type == 2:
```

```
        record(pcb_num)
else:
    print("输入错误,请重新输入!")
```

10.11　第10单元习题答案

1. A   2. D   3. B   4. B   5. B

本单元资源下载可扫描下方二维码。

扩展资源

第 11 单元　分类算法

11.1　知识点定位

青少年编程能力"Python 四级"核心知识点 10：（基本）分类算法。

11.2　能力要求

掌握并熟练使用分类算法编写简单程序，具备利用基本函数进行问题表达的能力。

11.3　建议教学时长

本单元建议 6 课时。

11.4　教学目标

1.　知识目标

本单元主要介绍了支持向量机、K 最近邻、随机森林 RFC 算法的基本原理和实现方法。通过典型应用案例的演示，帮助学习者完成知识的内化吸收，使学习者初步具备分类算法的应用能力。

2. 能力目标

通过对分类算法的学习，学习者能够使用分类算法解决问题，提升其对算法的认知，培养其编程思维能力。

3. 素养目标

通过人工智能典型应用的学习，使学习者切实体会到学以致用的乐趣，培养学习者使用编程求解问题的思维习惯与能力。

11.5 知识结构

本单元知识结构如图 11-1 所示。

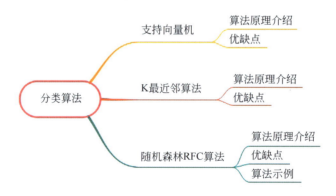

图 11-1 分类算法知识结构图

11.6 补充知识

如何选择合适的分类算法？

如果你的训练集很小，高偏差/低方差的分类器（如朴素贝叶斯）比低偏差/高方差的分类器(如K近邻或Logistic回归)更有优势,因为后者容易过拟合。但是随着训练集的增大,高偏差的分类器并不能训练出非常准确的模型,所以低偏差/高方差的分类器会胜出(它们有更小的渐近误差)。也可以从生成模型与鉴别模型的区别来综合考虑。

11.7　教学组织安排

教学环节	教学过程	建议课时
知识导入	讨论分类的生活小常识,体会分类应用的广泛性	2课时
知识拓展	科普分类的常识;通过不同的应用场景,体会不同分类方法的异同	
支持向量机算法	对支持向量机算法的基本原理和实现方法进行讲解	
最近邻算法	对最近邻算法的基本原理和实现方法进行讲解	2课时
随机森林算法	对随机森林算法的基本原理和实现方法进行讲解	
算法应用	通过解决生活中衍生出的问题,加深对分类算法的理解	2课时
单元总结	提问式总结本次课所学内容,布置课后作业	

11.8　教学实施参考

1. 举例式知识导入

以橙子和苹果分类为例,让同学们感受到编程在处理生活中实际问题时的巨大作用,比如分类算法在水果分类中的实际应用。

2. 简要概述分类算法的主要内容

对本教材中提到的三种分类方式:支持向量机SVM算法、K最近邻算法、随机森林RFC算法进行简述,然后再分别介绍这三种算法的具体应用。

3. 知识点一：分类

（1）以橙子和苹果分类为例让学生理解分类的含义。
（2）鼓励学生列举生活中分类的相关案例。
（3）介绍分类的定义以及相关的特点。
（4）拓展分类的相关知识。
（5）运行案例，直观展示如图 11-2 所示的分类算法运行结果。

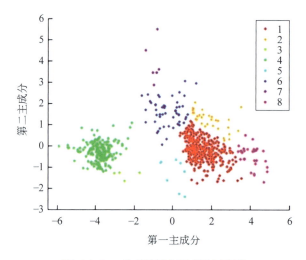

图 11-2　分类算法运行结果图

4. 知识点二：支持向量机 SVM 算法

（1）介绍支持向量机 SVM 算法的概念。
（2）介绍支持向量机 SVM 算法的步骤。
（3）对支持向量机 SVM 算法的核心关键代码进行讲解。
（4）指导学生根据书中代码使用支持向量机 SVM 算法实现分类。

5. 知识点三：最近邻算法

（1）介绍最近邻算法的概念。
（2）介绍最近邻算法的核心。
（3）对最近邻算法的核心关键代码进行讲解。
（4）指导学生根据书中代码使用最近邻算法实现水果分类。

6. 知识点四：随机森林 RFC 算法

（1）介绍随机森林 RFC 算法的概念。

（2）以图 11-3 为例，对决策树的概念进行介绍。

（3）对随机森林算法的核心关键代码进行讲解，使学生深入了解 RFC 相关概念。

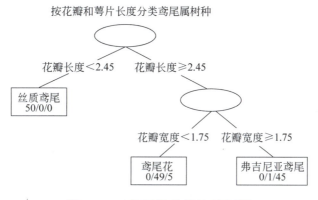

图 11-3　鸢尾花分类决策树图

7. 单元总结

小结本次课的内容，布置课后作业。

（1）KNN 算法的关键步骤是取 K 值观察准确率，那么我们在处理问题的时候怎样才能取到最佳的 K 值？

（2）2020 年最新数据显示：乳腺癌新增人数高达 226 万例，肺癌 220 万例，超越肺癌 6 万例，这个数字的确令人生畏，但略感欣慰的是，乳腺癌死亡人数 68 万例，位居癌症死亡人数第五位，与全球死亡人数第一位的肺癌（180 万例）有一定距离。这说明乳腺癌的总体治疗水平取得了很大进步，其早期发现率也在持续增高。请根据乳腺数据对乳腺癌结果进行分类。

11.10 问题解答

【问题 11-1】 在建立 SVM 模型时核函数采用 poly，其他核函数还有 rbf、sigmoid、linear。

```python
import pandas as pd
from sklearn.model_selection import train_test_split
from sklearn.preprocessing import StandardScaler
from sklearn.svm import SVC
from sklearn.neighbors import KNeighborsClassifier
import numpy
from sklearn.ensemble import RandomForestClassifier

df = pd.read_csv("Churn_Modelling.csv", delimiter=",")
df = df.drop(["RowNumber", "CustomerId", "Surname"], axis=1)
data = df[
    ["CreditScore", "Age", "Tenure", "Balance", "NumOfProducts",
"HasCrCard", "IsActiveMember", "EstimatedSalary"]]
target = df["Exited"]
df_data_train, df_data_test, df_target_train, \
df_target_test = train_test_split(data, target, test_size=0.3)
# 数据标准化
stdScaler = StandardScaler().fit(df_data_train)
df_trainStd = stdScaler.transform(df_data_train)
df_testStd = stdScaler.transform(df_data_test)

def SVM():
    # 建立 SVC 模型
    svc = SVC(kernel="poly")
    svc.fit(df_trainStd, df_target_train)
    # 预测训练集结果
    df_target_pred = svc.predict(df_testStd)
    print("SVM 正确率 = ", numpy.sum(df_target_pred == df_target_test) / len(df_target_test))
```

```
    def KNN():
        knn = KNeighborsClassifier(n_neighbors=9, p=2, 
metric='minkowski')
        knn.fit(df_trainStd, df_target_train)   # 根据模型进行训练
        # 预测训练集结果
        df_target_pred = knn.predict(df_testStd)
        print("KNN 正确率 = ", numpy.sum(df_target_pred == df_
target_test) / len(df_target_test))

    def RFC():
        RFC = RandomForestClassifier()
        RFC.fit(df_trainStd, df_target_train)   # 根据模型进行训练
        # 预测训练集结果
        df_target_pred = RFC.predict(df_testStd)
         print("RFC 正确率 = ", numpy.sum(df_target_pred == df_
target_test) / len(df_target_test))


    SVM()
    KNN()
    RFC()
```

11.11　第 11 单元习题答案

1. B　2. C　3. C　4. B　5. C　6. A　7. D

本单元资源下载可扫描下方二维码。

扩展资源

第 12 单元　路径算法

12.1　知识点定位

青少年编程能力"Python 四级"核心知识点 11：（基本）路径算法。

12.2　能力要求

掌握并熟练使用路径算法编写简单程序，具备利用基本函数进行问题表达的能力。

12.3　建议教学时长

本单元建议 6 课时。

12.4　教学目标

1. 知识目标

本单元主要介绍了单源最短路径求解的相关理论和方法，帮助学习者掌握迪杰斯特拉算法、弗洛伊德算法和 SPFA 算法的基本原理和实现方法，使学习者初步具备路径算法的应用能力。

2. 能力目标

通过对路径算法的学习，学习者能够使用路径算法解决问题，具备初步的路径规划能力，培养其编程思维能力。

3. 素养目标

以中国象棋、迷宫以及哥尼斯堡七桥为例，使学习者对路径算法的应用产生兴趣，提升其对算法的认知，为后续深入学习人工智能打下基础。

12.5 知识结构

本单元知识结构如图 12-1 所示。

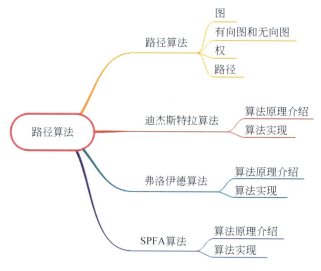

图 12-1 路径算法知识结构图

12.6 补充知识

SPFA 与迪杰斯特拉算法的区别：

SPFA 一次性将某个点的所有终点结点加入处理队列，这导致处理操作存在反复。但是迪杰斯特拉会选择一条最短边的终点结点进行处理，因此不会出现反复现象。当然，迪杰斯特拉算法不能处理带有负权值的图。

12.7 教学组织安排

教学环节	教学过程	建议课时
知识导入	讨论迷宫、智能小车避障和路径规划，体会路径应用的广泛性	2 课时
知识拓展	科普路径算法的常识；通过不同的应用场景，体会不同路径方法的异同	
迪杰斯特拉算法	对迪杰斯特拉算法的定义、基本原理、算法步骤和实现方法进行讲解	2 课时
弗洛伊德算法	对弗洛伊德算法的定义、基本原理、算法步骤和实现方法进行讲解	
SPFA 算法	对 SPFA 算法的定义、基本原理、算法步骤和实现方法进行讲解	2 课时
算法应用	通过解决生活中衍生出的问题，加深对路径算法的理解	
单元总结	提问式总结本次课所学内容，布置课后作业	

12.8 教学实施参考

1. 举例式知识导入

以中国空间科学领域的智能避障和路径规划为例，让同学们感受到编程在处理生活中实际问题时的巨大作用。以图 12-2 为例，引入路径的基本概念。

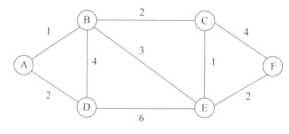

图 12-2　路径图

2. 简要概述路径算法的主要内容

对本教材中提到的三种路径算法：迪杰斯特拉算法、弗洛伊德算法和 SPFA 算法进行简述，然后再分别介绍这三种算法的具体应用。

3. 知识点一：路径

（1）通过中国象棋、迷宫以及哥尼斯堡七桥为例，让学生理解路径的含义。
（2）鼓励学生列举生活中有关路径规划的案例。
（3）介绍路径算法的定义以及相关的特点。
（4）拓展路径的相关知识。

4. 知识点二：迪杰斯特拉算法

（1）介绍迪杰斯特拉算法的概念。

（2）介绍迪杰斯特拉算法的步骤。
（3）对迪杰斯特拉算法的代码实现方法进行讲解。
（4）指导学生根据书中代码使用迪杰斯特拉算法实现路径规划。

5. 知识点三：弗洛伊德算法

（1）介绍弗洛伊德算法的概念。
（2）举例说明弗洛伊德算法的核心原理。
（3）对弗洛伊德算法的代码实现方法进行讲解。
（4）指导学生根据书中代码使用弗洛伊德算法实现中国空间科学领域的智能避障和路径规划。

6. 知识点四：SPFA 算法

（1）介绍 SPFA 算法的概念。
（2）对 SPFA 算法的实现步骤进行介绍。
（3）对 SPFA 算法的实现代码进行讲解，使学生深入了解 SPFA 算法的相关原理，如图 12-3 所示。

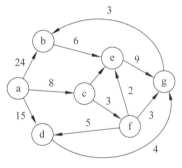

7. 单元总结

小结本次课的内容，布置课后作业。

图 12-3 SPFA 算法原理图

12.9 拓展训练

（1）假设句子中包含 n 个单词，每个单词平均有 m 个可选择的翻译，我们求得分最高的前 k 个组合结果。每次一个组合出队列，就对应着一个组合结果，我们希望得到 k 个，那就对应着 k 次出队操作。每次有一个组合出队列，就有 n 个组合入队列。优先队列中出队和入队操作的时间复杂度都是 $O(\log X)$，

X 到底是多少呢？

（2）思考一下，这三种路径算法的时间复杂度各是多少？哪种算法花费的时间最少？与花费时间多的算法有什么区别？

12.10 问题解答

【问题 12-1】 迪杰斯特拉算法和弗洛伊德算法求解最短路径的方法仅限于求不带环的情况，且弗洛伊德算法不能解决负环。而 SPFA 算法允许图中可以出现环，但是不能解决带环的图（仅能判别出现但是不能解决）。因此任何算法都不能求带环的问题。

【问题 12-2】 在图的结点还没被遍历完时执行循环以继续遍历，当前点正在被遍历，所以把当前点放入 visited 表中，然后遍历当前点的所有相邻点，如果"起始点到当前点的相邻点 k 的距离"大于"起始点到当前点的距离 + 当前点到相邻点 k 的距离"，则"起始点到当前点的相邻点 k 的距离"更新为"起始点到当前点的距离 + 当前点到相邻点 k 的距离"。

实现代码如下。

```
G = {1: {1: 0, 2: 1, 3: 12},
     2: {2: 0, 3: 9, 4: 3},
     3: {3: 0, 5: 5},
     4: {3: 4, 4: 0, 5: 13, 6: 15},
     5: {5: 0, 6: 4},
     6: {6: 0}}


def Dijkstra(G, v0, INF=999):
    dis = dict((i, INF) for i in G.keys())
    current_node = v0
    dis[v0] = 0
    visited = []
    path = dict((i, []) for i in G.keys())
```

```
        path[v0] = str(v0)

    while len(G) > len(visited):
        visited.append(current_node)
        for k in G[current_node]:
            if dis[current_node] + G[current_node][k] < dis[k]:
                dis[k] = dis[current_node] + G[current_node][k]
                seq = (path[current_node], str(k))
                sym = '-'
                path[k] = sym.join(seq)


        new = INF
        for node in dis.keys():
            if node in visited: continue
            if dis[node] < new:
                new = dis[node]
                current_node = node
    return dis, path


dis, path = Dijkstra(G, v0=1)
print(dis)
print(path)
```

12.11　第12单元习题答案

1. A　2. D　3. C　4. A

本单元资源下载可扫描下方二维码。

扩展资源

附录 A 青少年编程能力等级标准第 2 部分：Python 编程四级节选

1. 标准编号

T/CERACU/AFCEC/SIA/CNYPA 100.2—2019

2. 范围

本标准规定了青少年编程能力等级，本部分为本标准的第 2 部分。

本部分规定了青少年编程能力等级（Python 编程）及其相关能力要求，并根据等级设定及能力要求给出了测评方法。

本标准本部分适用于各级各类教育、考试、出版等机构开展以青少年编程能力教学、培训及考核为内容的业务活动。

3. 规范性引用文件

下列文件对于本文件应用必不可少。凡是注日期的引用文件，仅注日期的版本适用于本文件。凡是不注日期的引用文件，其最新版本（包括所有的修改单）适用于本文件。

GB/T 29802-2013《信息技术学习、教育和培训测试试题信息模型》。

4. 术语和定义

4.1 Python 语言（Python Language）

由 Guido van Ros sum 创造的通用、脚本编程语言，本部分采用 3.5 及之后的 Python 语言版本，不限定具体版本号。

4.2 青少年（Adolescent）

年龄在 10 岁到 18 岁之间的个体，此"青少年"约定仅适用于本部分。

4.3 青少年编程能力 Python 语言（Python Programming Ability for Adolescents）

"青少年编程能力等级第 2 部分：Python 编程"的简称。

4.4 程序（Program）

由 Python 语言构成并能够由计算机执行的程序代码。

4.5 语法（Grammar）

Python 语言所规定的、符合其语言规范的元素和结构。

4.6 语句式程序（Statement Type Program）

由 Python 语句构成的程序代码，以不包含函数、类、模块等语法元素为特征。

4.7 模块式程序（Modular Program）

由 Python 语句、函数、类、模块等元素构成的程序代码，以包含 Python 函数或类或模块的定义和使用为特征。

4.8 IDLE

Python 语言官方网站（https://www.python,org）所提供的简易 Python 编辑器和运行调试环境。

4.9 了解（Know）

对知识、概念或操作有基本的认知，能够记忆和复述所学的知识，能够区分不同概念之间的差别或者复现相关的操作。

4.10 理解（Understand）

与了解（4.9 节）含义相同，此"理解"约定仅适用于本部分。

4.11 掌握（Master）

能够理解事物背后的机制和原理，能够把所学的知识和技能正确地迁移到类似的场景中，以解决类似的问题。

5. 青少年编程能力 Python 语言概述

本部分面向青少年计算思维和逻辑思维培养而设计，以编程能力为核心培养目标，语法限于 Python 语言。本部分所定义的编程能力划分为四个等级。每级分别规定相应的能力目标、学业适应性要求、核心知识点及所对应能力要求。依据本部分进行的编程能力培训、测试和认证，均应采用 Python 语言。

5.1 总体设计原则

青少年编程等级 Python 语言面向青少年设计，区别于专业技能培养，采用如下四个基本设计原则。

（1）基本能力原则：以基本编程能力为目标，不涉及精深的专业知识，不以培养专业能力为导向，适当增加计算机学科背景内容。

（2）心理适应原则：参考发展心理学的基本理念，以儿童认知的形式运算阶段为主要对应期，符合青少年身心发展的连续性、阶段性及整体性规律。

（3）学业适应原则：基本适应青少年学业知识体系，与数学、语文、外语等科目衔接，不引入大学层次课程内容体系。

（4）法律适应原则：符合《中华人民共和国未成年人保护法》的规定，尊重、关心、爱护未成年人。

5.2 能力等级总体描述

青少年编程能力 Python 语言共包括四个等级，以编程思维能力为依据进行划分，等级名称、能力目标和等级划分说明如表 A-1 所示。

表 A-1　青少年编程能力 Python 语言的等级划分

等　　级	能力目标	等级划分说明
Python 一级	基本编程思维	具备以编程逻辑为目标的基本编程能力
Python 二级	模块编程思维	具备以函数、模块和类等形式抽象为目标的基本编程能力
Python 三级	基本数据思维	具备以数据理解、表达和简单运算为目标的基本编程能力
Python 四级	基本算法思维	具备以常见、常用且典型算法为目标的基本编程能力

补充说明：Python 一级包括对函数和模块的使用，例如，对标准函数和标准库的使用，但不包括函数和模块的定义。Python 二级包括对函数和模块的定义。

青少年编程能力 Python 语言各级别代码量要求如表 A-2 所示。

表 A-2　青少年编程能力 Python 语言的代码量要求

等　　级	能力目标	代码量要求说明
Python 一级	基本编程思维	能够编写不少于 20 行 Python 程序
Python 二级	模块编程思维	能够编写不少于 50 行 Python 程序
Python 三级	基本数据思维	能够编写不少于 100 行 Python 程序
Python 四级	基本算法思维	能够编写不少于 100 行 Python 程序，掌握 10 类算法

补充说明：这里的代码量指解决特定计算问题而编写单一程序的行数。各级别代码量要求建立在对应级别知识点内容基础上。程序代码量作为能力达成度的必要但非充分条件。

6. "Python 四级"的详细说明

6.1 目标能力及适用性要求

Python 四级以基本算法思维为能力目标,具体包括如下 4 个方面:

(1)算法阅读能力:能够阅读带有算法的 Python 程序,了解程序运行过程,预测运行结果。

(2)算法描述能力:能够采用 Python 语言描述算法。

(3)算法应用能力:能够根据掌握的算法采用 Python 程序解决简单计算问题。

(4)算法评估能力:评估算法在计算时间和存储空间的效果。

Python 四级与青少年学业存在如下适用性要求:

(1)前序能力要求:具备 Python 三级所描述的适用性要求。

(2)数学能力要求:掌握简单统计、二元方程等基本数学概念。

(3)信息能力要求:掌握基本的进制、文件路径、操作系统使用等信息概念。

6.2 核心知识点说明

Python 四级包含 12 个核心知识点,如表 A-3 所示,知识点排序不分先后。其中,名称中标注"(基本)"的知识点表明该知识点相比专业说法仅做基础性要求。

表 A-3 青少年编程能力"Python 四级"核心知识点说明及能力要求

编号	知识点名称	知识点说明	能 力 要 求
1	堆栈队列	堆、栈、队列等结构的基本使用	了解数据结构的概念,具备利用简单数据结构分析问题的基本能力
2	排序算法	不少于 3 种排序算法	掌握排序算法的实现方法,辨别算法计算和存储效果,具备应用排序算法解决问题的能力
3	查找算法	不少于 3 种查找算法	掌握查找算法的实现方法,辨别算法计算和存储效果,具备应用查找算法解决问题的能力
4	匹配算法	不少于 3 种匹配算法,至少含 1 种多字符串匹配算法	掌握匹配算法的实现方法,辨别算法计算和存储效果,具备应用匹配算法解决问题的能力
5	蒙特卡洛算法	蒙特卡洛算法及应用	理解蒙特卡洛算法的概念,具备利用基本蒙特卡洛算法分析和解决问题的能力

附录 A　青少年编程能力等级标准第 2 部分：Python 编程四级节选

续表

编号	知识点名称	知识点说明	能力要求
6	（基本）分形算法	基于分形几何，不少于 3 种算法	了解分形几何的概念，掌握分形几何的程序实现，具备利用分形算法分析问题的能力
7	（基本）聚类算法	不少于 3 种聚类算法	理解并掌握聚类算法的实现，具备利用聚类算法分析和解决简单应用问题的能力
8	（基本）预测算法	不少于 3 种以线性回归为基础的预测算法	理解并掌握预测算法的实现，具备利用基本预测算法分析和解决简单应用问题的能力
9	（基本）调度算法	不少于 3 种调度算法	理解并掌握调度算法的实现，具备利用基本调度算法分析和解决简单应用问题的能力
10	（基本）分类算法	不少于 3 种简单的分类算法	理解并掌握简单分类算法的实现，具备利用基本分类算法分析和解决简单应用问题的能力
11	（基本）路径算法	不少于 3 种路径规划算法	理解并掌握路径规划算法的实现，具备利用基本路径算法分析和解决简单应用问题的能力
12	算法分析	计算复杂性，以时间、空间为特点的基本算法分析	掌握计算复杂性的方法，具备算法复杂性分析能力

Python 四级与 Python 一级、二级、三级之间存在整体递进关系，但其中第 1 到第 5 知识点不要求 Python 三级基础，可以在 Python 一级之后与 Python 二级或 Python 三级并行学习。

6.3　核心知识点能力要求

Python 四级 12 个核心知识点对应的能力要求如表 A-3 所示。

6.4　标准符合性规定

Python 四级的符合性评测需要包含对 Python 四级各知识点的评测，知识点宏观覆盖度要达到 100%。根据标准符合性评测的具体情况，给出基本符合、符合、深度符合三种认定结论。基本符合指每个知识点提供不少于 5 个具体知识内容，符合指每个知识点提供不少于 8 个具体知识内容，深度符合指每个知识点提供不少于 12 个具体知识内容。具体知识内容要与知识点实质相关。

用于交换和共享的青少年编程能力等级测试及试题应符合 GB/T 29802—

2013 的规定。

6.5 能力测试要求

与 Python 四级相关的能力测试在标准符合性规定的基础上应明确考试形式和考试环境，考试要求如表 A-4 所示。

表 A-4 青少年编程能力"Python 四级"能力测试的考试要求

内容	描述
考试形式	理论考试与编程相结合
考试环境	支持 Python 程序运行的环境，支持文件读写，不限于单机版或 Web 网络版能够统计程序编写时间、提交次数、运行时间及内存占用
考试内容	满足标准符合性规定